新基建大时代

聚焦5G与物联网

赵小飞 / 著

電子工業出版社
Publishing House of Electronics Industry
北京·BEIJING

内 容 简 介

新基建已成为经济社会关注的重点，2020 年是 5G 基础设施大规模投资建设的开局之年，5G 成为新基建的核心领域。

本书以新基建为主线，首先探讨了新基建相关的政策、内涵外延，其次，以 5G 的新基建属性为研究对象，回顾了国内外 5G 商用的主要事件，并分析了与 5G 基础设施相关的技术、商业模式、应用、合作竞争、创新等各方面的内容，这些内容大部分都是为实现 5G 基础设施低成本高效的建设运营，持续为千行百业提供物联网服务的。

本书旨在为物联网从业者、投资机构、市场研究人员、ICT 产业爱好者提供一些参考。

图书在版编目（CIP）数据

新基建大时代：聚焦 5G 与物联网 / 赵小飞著. —北京：电子工业出版社，2020.11
ISBN 978-7-121-39897-1

Ⅰ. ①新… Ⅱ. ①赵… Ⅲ. ①无线电通信－移动通信－通信技术②物联网
Ⅳ. ①TN929.5②TP393.4③TP18

中国版本图书馆 CIP 数据核字（2020）第 214438 号

责任编辑：李　洁　　文字编辑：孙丽明
印　　刷：涿州市京南印刷厂
装　　订：涿州市京南印刷厂
出版发行：电子工业出版社
　　　　　北京市海淀区万寿路 173 信箱　邮编：100036
开　　本：720×1 000　1/16　印张：14.5　字数：255 千字
版　　次：2020 年 11 月第 1 版
印　　次：2020 年 11 月第 1 次印刷
定　　价：69.00 元

凡所购买电子工业出版社图书有缺损问题，请向购买书店调换。若书店售缺，请与本社发行部联系，联系及邮购电话：（010）88254888，88258888。

质量投诉请发邮件至 zlts@phei.com.cn，盗版侵权举报请发邮件至 dbqq@phei.com.cn。

本书咨询联系方式：lijie@phei.com.cn。

专家热议：

5G 的快速部署正在加速一个万物互联时代的到来，而连接数量的剧增将会带来各行各业的资源优化配置、全要素生产率跃升和商业模式创新。我们正迎来以数字技术为核心内容的新一轮科技和产业变革浪潮，战略时机百年一遇。这本书让我们得以提前一窥未来新世界的精彩缤纷及其底层的商业逻辑！

——吴绪亮（腾讯研究院资深专家、首席经济学顾问）

这的确是个“大时代”！产业数字化转型和数字经济的兴起为 5G 物联网提供了巨大的创新机遇和广阔的发展空间。本书从政策、技术、产业、投资等多个视角解读和探讨 5G 物联网的发展，既汇聚了业内各方的精彩观点，又有笔者的理性思考。5G 物联网发展前景广阔，面临着难得的历史机遇，同时产业发展也面临着深层次挑战，希望读者能够从书中找到自己的答案，成为这个“大时代”的参与者和贡献者。

——罗松（中国信息通信研究院工业互联网与物联网研究所副总工程师）

5G 已成为新型基础设施建设中的核心要素。2020 年 5G 开启规模化商用，在网络建设、终端研发、应用落地、生态构建等诸多方面进展迅速。物联网作为 5G 最广泛的应用场景，扩大了连接范围，提升了连接质量，带来更多的创新业态。作者长期从事物联网产业研究工作，本书系统阐述面对新基建时代，5G 物联网的创新机遇和深入思考，希望能给产业同仁一些参考和借鉴。

——徐昊（中国电子信息产业发展研究院物联网测评实验室主任）

序

新基建不仅是年度热词，而且已经成为推动经济、社会发展的方向。从2018年年底中央经济工作会议首次提出新基建，到2020年政府工作报告将其列入重点战略规划，地方政府纷纷出台政策响应，全社会对新基建打造中国经济新引擎的作用已达成共识，市场反响强烈，发展方向明朗。

2020年新冠肺炎疫情的蔓延，给中国和全球经济带来了较大的负面冲击，严重影响了各国正常的生产生活，经济衰退不可避免。除此之外，中国还面临着外部环境不确定性、新旧动能转换等重大挑战。在这些背景下，新基建确实成为应对挑战的必然选择和重要手段。

5G是全球新一轮科技竞争的制高点，也是中国新基建的核心内容与任务。新基建本身是一个发展的概念，而发展新基建最重要的是要去理解5G、拓展5G应用。

从国家战略布局的角度来看，5G可以被认为是国家信息化战略的延伸，正如之前的“宽带中国”“两化融合”一样，会为全社会释放出巨大的信息红利，驱动经济增长和人民生活水平提升；从技术发展的角度来看，5G发展是信息技术融合的过程，尤其是当前5G将与云计算、大数据、人工智能、物联网、区块链等ICT技术深度融合，起到关键的连接和桥梁作用。从产业发展角度看，5G 催生了大量新的业态和新的商业模式，成为行业数字化转型的利器。

5G 商用以来，网络建设快速推进，已建成 5G 基站超过 50 万个，5G 终端连接数不断增长，5G 网上终端连接数已超过 1 亿。当然，5G 的发展是一个长跑的过程，不可能一蹴而就，网络建设与终端发展、市场需求、生态构建是一个同步的过程。

5G 不仅给个体消费者带来更快的网络速度，促进手机的更新换代，更重要的意义在于给国民经济各垂直行业带来数字化转型，这也是 5G 引领新基建的关键所在。5G 的低时延高可靠、低功耗大连接等特性提供的是一个万物互联的基础设施，物联网亦是其最广阔的应用场景。截至目前，5G 物联网已经广泛地应用于工业互联网、视频监控、媒体直播、智慧医疗、智慧港口、智慧矿山等领域，其应用范畴还在快速扩展。国民经济各行各业对 5G 的应用，正是这些行业转型升级的重要路径。

5G 已不再是通信行业的 5G，而是全社会的 5G。期待产业界共同努力，精诚合作，推动国家信息化战略快速落地，实现经济高质量增长。

《新基建大时代，聚焦 5G 与物联网》是作者长期从事 ICT 产业研究，跟踪国内外 5G、物联网等领域的技术、市场、产业进展的知识累积与深入探索的成果。本书从新基建视角考察 5G 和物联网产业发展，对相关领域的政策、投资、市场、技术等进行解读与研究。祝贺作者新书出版！

曾剑秋

北京邮电大学经济管理学院教授

博士生导师

学术委员会主席

前 言

2020 年伊始，新冠肺炎疫情来势汹汹，举国上下进入全民抗疫的状态，而国民经济在这场疫情影响下短时间内剧烈下滑。根据国家统计局发布的数据，2020 年第一季度国内生产总值（GDP）增速为-6.8%，全球经济也因为疫情的蔓延落入负增长区间。我国迅速采取行之有效的手段，使我们从最先遭受疫情冲击转变为最早显现企稳复苏迹象，中国所采取的各类政策和手段也成为全球关注的焦点。

在这样的背景下，随着近期中央多次会议的强调，新基建开始升温成为市场关注的热点，不断占据市场各类机构和媒体的头条，各种打着新基建旗号的炒作也遍地开花，“新基建成为一个框，什么内容都可以往里面装”。当然，这种现象在一定程度上也反映了这一新兴领域的内涵和外延尚不明确。

新基建虽然备受关注，但对于新基建的研究 TB 应该建立在理性的基础上。新基建首先一定是具有基础设施最基本属性的业态，虽然业界对基础设施还没有形成统一的概念，但在其内涵和特征等各个方面已达成初步共识。早在 1994 年，世界银行发布的世界发展年度系列报告中就以“为发展提供基础设施”为主题，分析了基础设施与经济社会发展的关系。在这份报告中，世界银行通过大量实证研究，发现一个国家的基础设施存量每增长 1%，GDP

就会增长 1%，由此可以看出基础设施对整个经济的撬动作用非常明显。

2020 年 4 月 20 日，国家发展改革委首次对新基建的范围进行界定，包括信息基础设施、融合基础设施、创新基础设施三个方面，明确了新基建的范畴。其中，信息基础设施中，5G、物联网成为通信网络基础设施的代表，而 5G、物联网本身也是中央多次提及新基建的场合中专门列出的重点内容。

2019 年是 5G 元年，全球主要经济体都选择在当年开启 5G 商用，韩国和美国还为了争夺全球第一个 5G 商用而费劲心机不断调整商用发布时间。中国 5G 正式商用虽然晚于韩国和美国，但发展速度更快，政策支持、基础设施部署、产品研发、应用试点、产业链协同等各方面都体现出前所未有的力度。同时，由于持续的市场宣传，5G 也成为全社会关注的焦点，各行各业创新研发项目和未来发展规划中都少不了 5G 应用的身影，普通民众茶余饭后讨论的话题中也会经常提及 5G。

正如工业和信息化部（简称工信部）前任部长苗圩所说，5G 未来只有 20%用于人与人通信，80%将用于物与物的通信，与此前移动通信相比，5G 将带来更为广阔的物联网市场机遇。正是因为物联网市场机遇，5G 才被国民经济各行各业所重视，加速了千行百业数字化转型的进程。发展数字经济是国民经济高质量发展的重要途径，5G 成为产业数字化的底层技术，而 5G 基础设施也无可争议地成为数字经济的底层基础设施。5G 带来物联网机遇，可以驱动数字经济乃至整个国民经济的发展，这也是 5G 被列为新基建之首的重要原因。

作为物联网从业者，5G 及物联网在新基建中的定位一直是我重点关注的方向。2018 年 12 月 21 日，中央经济工作会议首次提出新基建一词后，我在第二天发布评论文章《罕见！5G、物联网写入中央经济工作重点，成经济下行压力下提振市场信心的强心剂！》，对其进行分析，着重探讨新基建对整体经济增长的作用。2019 年，有幸参与中国信息通信研究院承接的国家发展改革高技术司委托课题“物联网基础设施技术产业进展和大规模发展关键问题研究”，了解到相关部委对物联网新基建定位的高度关注，结合我们对行业的调研，提出一些建议。

2020 年初，我在撰写物联网智库《物联网产业全景图谱报告》前言中提出“物联网下一个 10 年，新型基础设施作用凸显”的观点，我认为新型基础设施或许不一定是大规模投资的实体设施，但是它能够渗透到各行各业生产经营的各个角落，直接为生产经营带来乘数级产出，也具有基础设施的特征。一款广泛使用的轻量级物联网终端操作系统、一种可供大量场景应用的 AI 算法，这些创新的物联网元素都能够带来产出的数倍增长。下一个 10 年，物联网新型基础设施作用开始显现，物联网本身产业规模值得关注，但物联网化后各行各业相对原来的变化更值得关注。

由于 5G 商用的加速，基于 5G 物联网应用的探讨日益增加，我将 5G 相关的各个话题作为日常关注和研究的重点，坚持在物联网智库公众号每周的撰稿中持续提供这方面的观察文章，其中很多内容与 5G 基础设施密切相关，比如针对基础设施出台的政策、共建共享、基站规模、无线回传、异网漫游、资本支出等。此前，我一直考虑将这些内容整理成书出版，但每篇文章都是比较分散去讨论一个细分主题，没有一条能够贯穿始终的主线。

今年新基建再次成为热门话题，正好给我提供了一个思路，基于新基建这一主线可以将之前撰写的很多内容串起来。当然，将零散的文章整理成一本前后连贯性和逻辑性较强的书籍，是一件具有挑战性的工作。由于 5G 发展日新月异，很多内容要进行大幅度修改，甚至重新来写，整个过程花费了很长时间。

去年我就和电子工业出版社的编辑李洁老师沟通过，希望出版一本 5G

主题的书籍，6 月确定了本书的初步选题，但由于各方面原因，一直推迟交稿时间，今年年初重新变更选题后，直到 4 月才完稿，感谢李洁老师的理解和耐心，也非常感谢各位合作伙伴和物联网智库各位同事的帮助。

由于本人水平有限，书中难免有不足和欠缺，对于书中不当之处，敬请读者谅解并给予宝贵意见。

赵小飞

2020 年 9 月 23 日于北京

目 录

第 1 章　政策支持，5G 物联网新基建定位确立　/　001
1.1　新基建概念首次提出　/　002
1.2　新基建提出一周年后的三个风向标　/　006
1.3　疫情背景下新基建的作用　/　013
1.4　切勿夸大甚至神化新基建　/　019
1.5　理清新基建的内涵和外延　/　028

第 2 章　商用加速，5G 时代已经到来　/　033
2.1　美韩运营商争抢 5G 商用“头彩”　/　034
2.2　中国 5G 正式牌照提前发放　/　038
2.3　5G 新基建的中国速度　/　042

第 3 章　基建投资，5G 部署运营的有效模式探索　/　049
3.1　普遍服务也是新基建的一个重任　/　050
3.2　规模化商用后我们需要建多少个 5G 基站？　/　055
3.3　共建共享成为 5G 新基建的主流趋势　/　063
3.4　中国运营商树立 5G 共建共享全球标杆　/　071
3.5　谷歌基础设施最大“败局”带来的启示　/　080

第 4 章　共性技术，5G 新基建落地实施的保障　/　086
4.1　多种接入技术取长补短　/　087

4.2 流量卸载保障5G网络容量 / 091
4.3 微波技术支持的无线回传形成成本节约 / 096
4.4 频谱共享最大化稀缺资源的价值 / 100
4.5 异网漫游实现低成本的网络共享 / 106

第5章 新模式探索，5G催生前所未有的业务创新 / 110
5.1 5G固定无线接入打破宽带垄断 / 111
5.2 5G网络切片的创新高价值与商业模式 / 119
5.3 边缘计算成为云计算厂商角逐5G的新战场 / 129
5.4 开源生态5G新玩家对通信设备商发起冲击 / 135
5.5 5G私有网络为各行业领军企业带来新价值 / 140

第6章 低功耗大连接，5G物联网先行者 / 153
6.1 NB-IoT已正式成为5G标准 / 154
6.2 运营商招标驱动NB-IoT成本下降 / 160
6.3 虚拟运营商在NB-IoT上的探索 / 166
6.4 低功耗大连接多形态，无处不在的通信 / 173
6.5 NB-IoT承担5G低功耗大连接重任初见成效 / 179

第7章 守旧与变革，5G时代各主体的物联网新基建 / 183
7.1 未来“互联网女皇报告”或许会发现新趋势 / 184
7.2 互联网巨头或许不适合建设运营网络基础设施 / 192
7.3 互联网巨头进入物联网的生意经 / 198
7.4 阿里大手笔布局物联网新赛道 / 203
7.5 腾讯物联网开发生态的布局之道 / 207
7.6 5G时代物联网能否给运营商带来新的增长点 / 211

第 1 章

政策支持，
5G 物联网新基建定位确立

2020年年初的一场新冠疫情让本来处于下行压力中的中国经济又蒙上了一层阴影，面对这次疫情，中央多次会议强调发挥投资作用，尤其是“新型基础设施建设”（简称“新基建”）的作用，“新基建”一词很快就爆红，成为市场最热门的词汇。在这一新的政策动向中，5G、物联网被国家定位为新基建概念范畴的重要领域。实际上，即使没有新基建这一新的概念，通信基础设施也本来就属于基建和固定资产投资的范畴，只是在当前被赋予了新的使命。本书正是围绕5G和物联网这一新基建核心领域展开的。

1.1 新基建概念首次提出

说起新基建的起源，还要回溯到2018年12月19日—21日召开的中央经济工作会议。本次会议明确了2019年经济工作要抓好的七项重点，其中在第二大重点工作中专门提出：“要发挥投资关键作用，加大制造业技术改造和设备更新，加快5G商用步伐，加强人工智能、工业互联网、物联网等新型基础设施建设。”中央最高级别的经济工作会议中，首次提出了“新型基础设施建设”这一概念，而且首次将5G、物联网等科技领域纳入这一新概念范畴中。在整体经济形势严峻和经济下行压力的背景下，5G、物联网等新基建手段的发展是否将再次扮演“白衣卫士”的角色？

1.1.1 以史为鉴：10年前的危机，通信业不负众望

时间回拨到2008年，当时全球正在经历着20世纪最严重的一次经济危机，在应对这次危机的过程中，我国相继出台了多项政策，通信行业提前发放3G牌照可以说是其中一个重要政策。事后来看，3G牌照的发放，以及后续带动的产业发展，确实为应对危机做出了一定贡献，通信行业在这一过程中扮演了一次“白衣卫士”的角色，3G牌照的提前发放也是应对全球经济危

机的有效措施之一。此前3G牌照原计划在2009年“两会”后发放，这次的提前几个月发放给予了市场一个积极的信号。

当然，3G牌照的发放并不是为了应对经济危机的仓促之举，而是大势所趋。一方面，2008年中国各产业已经过了数年的技术储备、规模化试验和产业生态成长，2008年年底3G牌照发放的基础条件已经成熟；另一方面，移动、联通、电信三大运营商都有自有资金进行3G投资，不需要银行贷款，若三大运营商拿出2000亿元的自有资金，则可以拉动6000亿元的投资，所以国家决定提前发放3G牌照。经济危机是一个特殊的因素，即使没有经济危机，中国的3G网络也顺理成章地到了商用的阶段，而3G网络的商用在客观上给应对经济危机带来了一个新的措施。

3G牌照的发放，在短短几年内给整个市场带来了明显的促进作用。根据工业和信息化部的数据，牌照发放仅1年后，即到2009年年底三家基础运营商共完成3G网络建设直接投资1609亿元，用户规模超过1500万户。根据测算，3G直接投资的1609亿元间接拉动了国内投资近5890亿元；带动直接消费364亿元，间接消费141亿元；直接带动GDP增长343亿元，间接带动GDP增长1413亿元。

更为重要的是，3G网络作为基础设施商用后，基于这一基础设施出现了大量的创新，手机视频、家庭网关、无线城市、视频监测、移动办公、移动支付、手机阅读等新型业态开始出现，给互联网企业、创业企业、开发者等群体带来创新的平台和价值，当前在移动互联网领域叱咤风云的企业都在很大程度上得益于3G基础设施的建设。同样的，国产手机也是借助这一机会登上舞台的，在3G商用3年后，以“中华酷联”为代表的国产手机占据国内手机市场的半壁江山，在国内用户手机更新换代中抓住了机遇，虽然如今手机市场格局已与当年大不相同，但不可否认的是3G的商用给国产手机打开了一扇窗。

当其他行业还处在经济危机的泥潭中时，通信业却不负众望，不论是对整体经济的促进、对就业的带动，还是给移动互联网、手机等产业链相关环节带来的机遇，通信业都发挥了重要作用，给实体经济和国内需求做出了贡献。虽然现在关于 3G 仍然存在一些争议性话题，但至少在那一场经济危机中 3G 让数百万人没有失业，给产业链带来了信心。

1.1.2 两个关键词：内需、基础设施

在 2018 年 12 月 19 日—21 日的中央经济工作会议文件中，有两个关键词值得注意：内需和基础设施。内需是中央将 5G、物联网的发展放在“促进形成强大国内市场”这一重点工作安排中；基础设施是指虽然将 5G、物联网工作放在内需中，但强调的是加强基础设施建设，而不是具体应用。可以看出，对 5G、物联网这些科技领域基础设施的投资，能直接带来内需的快速增长。

1. 从内需看 5G、物联网的基础设施

对于整体的经济形势，中央经济工作会议通稿用了几个关键短语进行描述：“稳中有变”“变中有忧”“外部环境复杂严峻”“经济面临下行压力”。尤其是最后两个短语，道出了经济形势的状况，外向型的市场疲软，国内市场需求就更为重要。近几年来，国内市场对 5G、物联网产业的需求远远高于海外，因此这两个产业成为增加内需的重要领域。

无线通信具有非常明显的地域特征，基础设施建设在某个区域，基于这个基础设施的用户、产品和服务也大部分限定在这个区域中。5G 和物联网的一些基础设施就属于这一类，不论是人与人通信，还是物与物通信，用户使用只能基于自身所在地的网络设施，由此产生的终端设备、运营、解决方案、服务等都在国内形成需求。

国内政府、企业、家庭、个人对各种终端和应用的需求，倒逼通信基础设施的建设。通信基础设施的建设，促成国内的通信设备、芯片、手机、智能硬件、物联网解决方案形成需求。与其他产品和服务不同，5G、物联网基础设施的建成，将这些领域产生的需求主要锁定在国内。

2．从基础设施看 5G、物联网带给内需的贡献

一直以来，通信业对国民经济增长的贡献都处在一个较高的水平。大量文献显示，通信业对国民经济的乘数达到 4 倍以上，即通信业直接投资的 1 元钱能够带来国民经济 4 元钱的产出。

其中，基础设施的乘数作用无疑更大。与前述 3G 网络的经济效应类似，不仅在 5G、物联网基础设施建设中，对光纤光缆、通信设备、电源设备、空调设备形成直接投资，其建成后还可带动手机、智能硬件、行业终端、政企应用等间接投资，进一步促进上游产业的出货量，以及基于这些基础设施形成新的经济形态、商业模式。这些都是 5G、物联网基础设施形成的杠杆作用。

曾经有个针对应对经济危机的段子广为流传：在经济危机期间，政府雇人不断挖沟并埋沟，虽然没生产出新的产品，但直接促进了就业和带动了相关产业的生产，也是应对危机的一种方式。当然，5G、物联网基础设施的建设比挖沟埋沟的意义大得多，不仅在经济下行周期中能够带动相当一部分国民经济的增长，加固实体经济的能力，还能在全球科技发展中提升我国的竞争力。

中国信息通信研究院（以下简称中国信通院）发布的《5G 经济社会影响白皮书》测算，到 2030 年，5G 直接带动的总产出、经济增加值和就业机会分别将为 6.3 万亿元、2.9 万亿元和 800 万个，间接带动的总产出、经济增加值和就业机会分别将为 10.6 万亿元、3.6 万亿元和 1150 万个。在这一强大的经济贡献值预期下，5G 的加速商用一定会成为国内需求的重要增长点。同时，NB-IoT、eMTC 等物联网基础设施也对于国内需求具有一定的杠杆作用。

从 2018 年年底具体技术和市场发展来看，5G、物联网依然面临着需求不足、应用场景缺乏和商业模式不明确等问题，但当时笔者预测 5G、物联网基础设施建设步调仍然会加快，这一预测在后来的发展中得到证实。毕竟在“外部环境复杂严峻”“经济面临下行压力”的形势下，信心比黄金更重要，5G、物联网即使扮演不了“白衣卫士”的角色，也要在“经济寒冬”下给从业者一丝信心。

1.2 新基建提出一周年后的三个风向标

2019 年中央经济工作会议于 2019 年 12 月 12 日落幕，与往年一样，其决议将成为新的一年国家经济工作的风向标。本次中央经济工作会议的会议文件仅有 4000 多字，但每个关键词背后都有丰富的含义。2018 年中央经济工作会议首次提出新基建的概念，并将 5G、物联网纳入其中，从 2019 年相关领域的实际运作情况来看，在以下方面均取得显著成效。

从 2019 年 6 月 6 日工业和信息化部给中国移动、中国电信、中国联通、中国广电四家运营商发放 5G 商用牌照，到 10 月 30 日移动、联通、电信三大运营商正式启动 5G 商用，中国已经形成了比较完善的 5G 产业生态，超出了 2018 年中央经济工作会议中提出的“加快 5G 商用步伐”的预期。

2019 年一年中，中国工业互联网也经历了快速的发展。中国信息通信研究院院长刘多在一次会议中总结 2019 年工业互联网的成果时提到，除了国家层面顶层设计，上海、广东、浙江、江苏等近 30 个省区市已经出台或即将出台本地区的工业互联网发展策略，央地协同、上下联动，“全国一盘棋”的工业互联网发展格局基本形成。作为新型基础设施的落地形式，中国工业互联网标识解析体系已形成“东西南北中”的格局，截至 2019 年 12 月 5 日，标识注册量达到 13.7 亿。2019 年 11 月 22 日，工业和信息化部也印发《“5G+工业互联网”512 工程推进方案的通知》，5G 与工业互联网加速融合。

物联网新型基础设施建设也得到明显的推进，三大运营商已建成超过 70 万个 NB-IoT 基站，面对规模化应用场景的网络深度覆盖和优化不断完善，多个行业的 NB-IoT 连接数已突破千万级；LTE Cat 1 商用再次提上议程，承接 2G/3G 中速率物联网连接的迁移；物联网平台接入门槛进一步降低，各类物联网平台 AI、大数据能力不断提升；各领域主导厂商纷纷布局边缘计算平台，云、网、边、端协同已成为业界共识。

可以看出，2018年年底中央经济工作会议决议中提出的重点工作，在接下来的一年中都得到较好的落实，政策引导下的产业快速发展态势非常明显。因此，2020年相关领域是否能够快速落实，从中央经济工作会议决议中一些关键词可见端倪。

1.2.1 首次提出“大力发展数字经济”

与往年中央经济工作会议决议相比，2019年中央经济工作会议首次提出“大力发展数字经济”。当然，数字经济并非第一次出现在重大会议中，在过去几年中数字经济也作为各地政府的一项重大工作来推进。在中央提出“推动高质量发展”的要求下，数字经济将成为着力点，因此在中央经济工作会议中着重提出。

数字经济作为一个综合性的概念，其发展背后是5G、物联网、云计算、大数据、人工智能等科技手段的支撑，可以说新基建是数字经济的底层基础设施。阿里研究院发布的报告指出，数字经济是从底层对原有的经济体系进行深层变革，重塑全球经济新图景，如图1-1所示，数字经济对经济社会各方面都进行深刻变革。

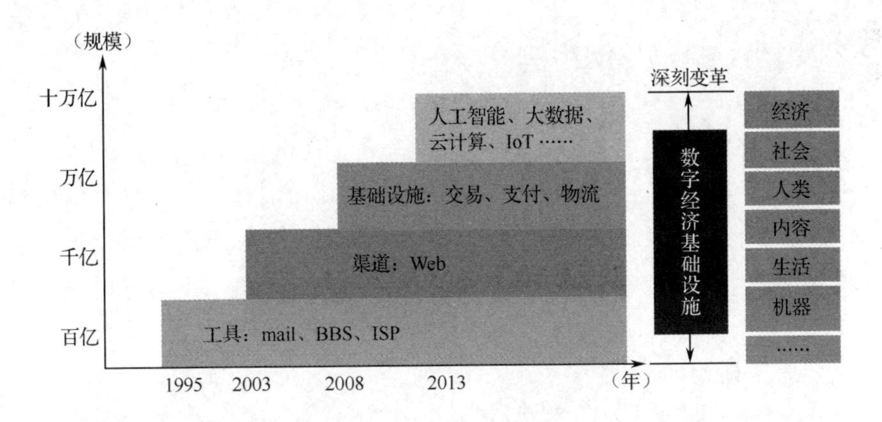

图1-1 数字经济历程
（来源：阿里研究院、毕马威）

根据中国信通院发布的《中国数字经济发展与就业白皮书（2019年）》，2018年我国数字经济规模达到31.3万亿元，同比增长20.9%；2018年我国数字经济领域就业岗位为1.91亿个，占当年总就业人数的24.6%，同比增长11.5%，显著高于同期全国总就业规模增速。分省来看，各省市数字经济增速均在10%～25%，显著高于同期各省市国民经济3%～10%的增速；各省市数字经济占GDP比重均超过20%。

数字经济包括数字产业化和产业数字化两大部分。其中，数字产业化主要指数字技术和产品的生产，包括电子信息制造业、信息通信业、互联网和软件服务业等；而产业数字化则是指国民经济其他各行业使用数字技术和产品带来的产出增加和效率提升。在过去几年中，国内物联网已形成完善的产业生态体系，形成数字产业化和产业数字化的核心组成部分。

从图1-2的物联网产业生态全景图谱来看，"端、管、边、云"这四个层面属于数字产业化的重要组成部分，"用"这一层形成的各类物联网应用方案为国民经济各垂直行业带来产业数字化的效应。近年来物联网产业也是以超过20%的增速发展，直接成为数字经济快速发展的重要驱动力。在数字经济已成为高质量发展重要保障的背景下，中央经济工作会议明确提出大力发展数字经济，预计未来几年数字经济将交出更加令人满意的答卷，这个过程中，5G、物联网新基建的作用将功不可没。

1.2.2 稳步推进通信网络建设

在当前形势下，通信网络建设首要的就是5G网络的建设，与2018年年底提出的"加快5G商用步伐"不同的是，2020年需要"稳步推进通信网络建设"。从"加快"到"稳步"的转变，一方面印证了中央对于整体经济工作"坚持稳字当头"的总基调，另一方面在一定程度上体现出国家对于5G发展的态度。

在已经过去的2019年，我们看到各国将5G作为科技竞争战略制高点展开竞争。然而，作为最新科技商用的代表，5G商用并不是一时高下得失之争，而是一个对综合国力提升的长跑过程，过于激进的推动方式反而有可能造成整体产业扭曲发展。

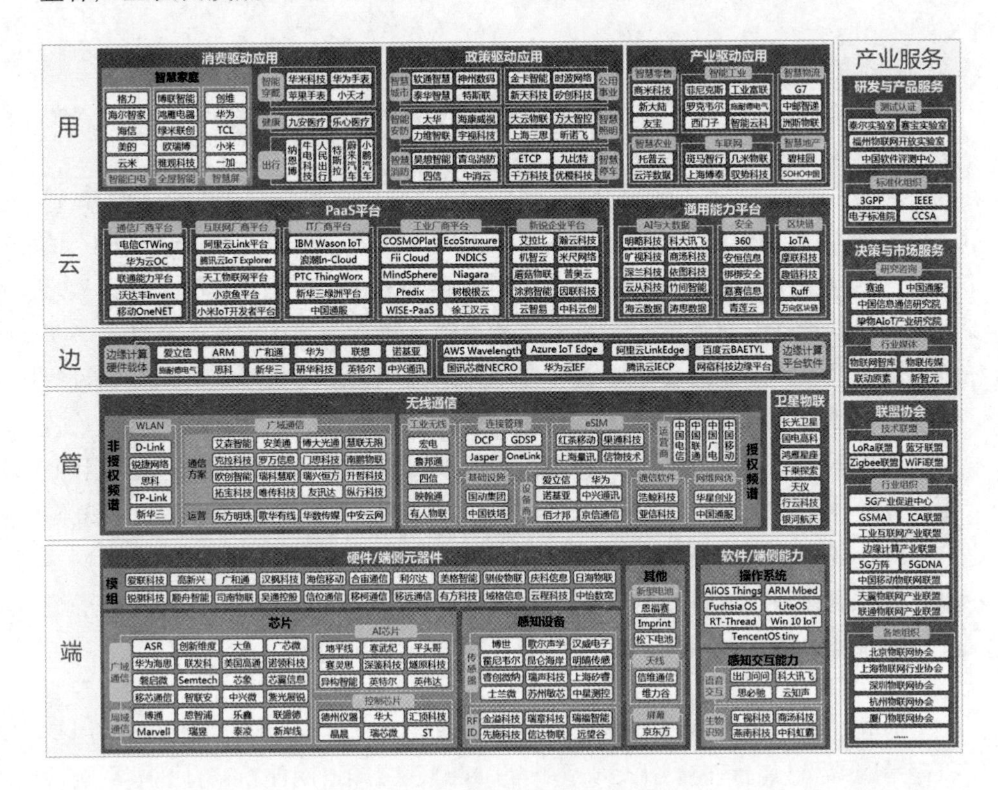

图 1-2 物联网产业生态全景图谱

（来源：物联网智库）

在 2019 年 10 月 30 日运营商宣布 5G 正式商用后，我们也看到了 5G 在国内快速发展的态势。中国信通院发布的《2019 年 1—12 月国内手机市场运行分析报告》显示，2019 年 12 月国内 5G 手机出货量达到 541.4 万部，占手机总体出货量比例近 18%，这也意味着每出货 100 部手机就有将近 18 部是 5G 手机，此前业界普遍认为晚些时候才可能出现的“5G 手机换机潮”或将提前到来。

不过，为千行百业赋能的 5G 物联网的落地并不像手机产业一样形成快速规模化发展，毕竟千行百业有数十年形成的发展规律和利益格局，5G 在各行业物联网方案的落地还需稳步推进。另外，当前5G网络建设也面临不少挑战，包括成本、技术、运维等方面，不可能快速部署一张全国覆盖的网络。

在笔者看来，中央经济工作会议提出的“稳步推进”包含多重含义，包含网络建设与技术进步、产业生态、行业应用、商业模式相协调的要求，5G是手段，千行百业转型升级、数字化变革才是目标。

实际上，2019年5G推进的各类政策和事件中，已经开始体现“稳”的理念。举例来说，中国电信和中国联通开展5G网络共建共享的合作，显示了运营商对于网络建设节奏和成本节约的深入思考；通信设备厂商通过各类手段，提升5G单基站覆盖能力和自动化运维能力，给稳步推进网络建设提供技术保障；5G应用产业方阵、5G确定性网络联盟、工业互联网联盟等各类产业生态组织不断推动5G在各行业的试商用，先行探索技术可行性和商业可行性；工业和信息化部组织“绽放杯”5G应用大赛，通过ICT厂商和十多个行业自发的创新，发现5G可能落地的应用场景。可以看出，5G网络建设的节奏是在技术进步、产业生态、行业应用、商业模式等逐步明晰的过程中同步推进的。

另外，笔者认为“稳步推进通信网络建设”也包含了对待现有网络用户和存量网络用户的策略。比较典型的是2G/3G减频退网的策略，既不影响现有用户体验，又能够分阶段、有节奏地腾退出优质的频谱、站址资源，为5G、物联网基础设施所用。诸如此类的工作，或许会纳入“稳步推进通信网络建设”的范畴中。

当然，2019年中央经济工作会议召开期间，新冠疫情的影响还未开始蔓延，在当时的背景下，5G这一新基建领域的推进应该是以“稳”为主。但在“疫情黑天鹅”事件的影响下，5G网络建设加速也是正确的决策，当然技术、生态、应用等方面也需要加速。

1.2.3 加强市政管网、城市停车场、冷链物流等建设

与“大力发展数字经济”和“稳步推进通信网络建设”出现在同一重点工作类别的是“加强市政管网、城市停车场、冷链物流等建设”。为什么要将这三个领域作为关键点呢？笔者认为这三个领域一方面恰好是目前物联网落地的重要领域，可借此进一步加快物联网的应用，另一方面也能体现 5G 和物联网为传统基建赋能的定位。

根据苏宁财富资讯研究人员的分析，在投资领域，基础设施建设一直是逆周期调节的重要工具。2019 年，面对经济下行的压力，市政管网、城市停车场、冷链物流所代表的“交通运输、仓储和邮政”“电力、热力、燃气及水的生产和供应”，以及“水利、环境和公共设施管理”三大基建领域的投资都恢复正增长。2020 年，在复杂的内外部环境下，基建将发挥更大的逆周期调节作用，保持经济稳定增长。

推动高质量的发展，需要加快市政管网和城市停车场这些基础设施建设投资，但新增基础设施一定不是传统粗放式的建设，要为未来精细化管理和运营打下基础，因此智能化成为不少新增基础设施建设的标配。目前，业界已有大量成熟的市政管网和城市停车物联网解决方案。众所周知，在过去几年中，NB-IoT、LoRa 等低功耗广域物联网技术在智慧水务、智慧燃气、智慧停车、智慧井盖等领域得到了规模化推广和落地，其解决方案的延伸正是为市政管网和城市停车场建设提供数字化技术和手段，加快这两个领域的智能化进程。

冷链物流更是一个与物联网具有密切关系的领域。过去 10 年中，中国的快递业务量增长了 42 倍，快速增长带来的压力只能依靠技术手段提升效率来缓解，因此物流业成为自发驱动应用物联网技术的主要行业。冷链物流由于需求的驱动，成为近年来该领域的新赛道。

由于不同的货物有不同的冷链需求，储藏温度也不同，从图 1-3 冷链物流温度带划分可以看出，一般冷链至少有常温、冷藏、冷冻三个温度带划分，

有的是五个温度带划分。以农产品为例，生鲜农产品冷链物流主要包括农产品的低温加工、低温存储、低温运输/配送及低温销售四个环节。若要打造高质量、连续的冷链物流体系，需要解决产品的复杂性、高成本、组织协调性及信息的实时性等问题，此时就需要使用物联网的手段进行冷链环境的采集、传输、监控、分析等工作。

品类	超低温物流（≤-50℃）	冷冻物流（≤-18℃）	水温物流（-2～2℃）	冷藏物流（0～10℃）	控温物流（10～25℃）
特殊物品	危化品、生物试剂				
药品	抗生素	疫苗、生物药品等			
冷冻饮品			冷冻果汁	饮品	
速冻食品	冷藏盒饭	所有速冻食品			
乳品	巴氏酸奶、蛋糕坯	冰淇淋、雪糕	植物奶油蛋糕	鲜牛奶	
水产品	金枪鱼、生鱼片	速冻海鲜	冷鲜水产		
肉类		冷冻肉（猪、羊、牛、禽）	肉馅、肉丸	冷鲜肉（猪、羊、牛、禽）	
水果			草莓	葡萄、梨、樱桃	香蕉、柠檬、菠萝
蔬菜				南瓜、菠菜	辣椒、黄瓜、番茄

图 1-3 冷链物流温度带划分

（来源：中国冷链物流网、招商证券）

近年来，阿里、京东、顺丰等巨头对于冷链物流投入巨资，同时也采用物联网手段在冷链信息化上下了很大功夫。中央经济工作会议专门提出冷链物流建设，接下来的数年中这一领域将迎来进一步快速发展，这个过程也是“物联网+冷链物流”落地的重大机遇，同时形成以物联网提升新基础设施建设的示范效应。

以上三个关键点，不仅体现了 2020 年中央对于这些领域工作的重点和决心，也隐含了接下来一年中与此相关产业的推进节奏。总体来说，我们从数字经济、通信网络、基础设施建设这三方面的关键词中不难发现 5G 和物联网的机遇和挑战。中央对大形势的判断从“经济面临下行压力”转变到“经济下行压力加大”，5G 和物联网作为新基建，依然是“推动高质量发展”的动力之一。

1.3 疫情背景下新基建的作用

在2020年年初新冠疫情的背景下，党中央进一步加速新基建工作的部署，最为典型的是几次中央政治局会议对相关工作的安排：

- 2020年2月21日，中央政治局会议召开，研究新冠疫情防控工作，部署统筹做好疫情防控和经济社会发展工作。会议强调，“发挥好有效投资关键作用，加大新投资项目开工力度，加快在建项目建设进度。加大试剂、药品、疫苗研发支持力度，推动生物医药、医疗设备、5G网络、工业互联网等加快发展”。
- 2020年3月4日，中央政治局常务委员会会议指出，“要选好投资项目，加强用地、用能、资金等政策配套，加快推进国家规划已明确的重大工程和基础设施建设。要加大公共卫生服务、应急物资保障领域投入，加快5G网络、数据中心等新型基础设施建设进度”。

与本次疫情直接相关的公共卫生服务、生物医药、医疗设备、应急物资是当前经济社会工作的核心领域，在疫情肆虐的背景下这是无可争议的选择，而除此之外，国家将5G、工业互联网、数据中心等新基建专门提出来，与卫生医药相关内容并列，在很大程度上凸显了中央对新基建的高度重视和寄予厚望，也凸显了新基建对国民经济的重要性。新基建逐渐成为实现宏观经济增长的一个重要工具。

1.3.1 实现经济社会发展目标，投资作用凸显

2020年2月21日的中央政治局会议强调，新冠疫情虽然给经济运行带来明显影响，但我国经济有巨大的韧性和潜力，长期向好的趋势不会改变。并且会议再次申明：要发挥各方面积极性、主动性、创造性，把疫情影响降

到最低，努力实现全年经济社会发展目标任务，完成“十三五”规划。

回顾“十三五”规划，经济增长的总目标是2020年国内生产总值（GDP）比2010年翻一番。2020年是“十三五”收官之年，图1-4所示是国家统计局公布的2011—2019年中国GDP增速。但2020年前几个月在新冠疫情的影响下，我国经济增速出现较大幅度的下滑。

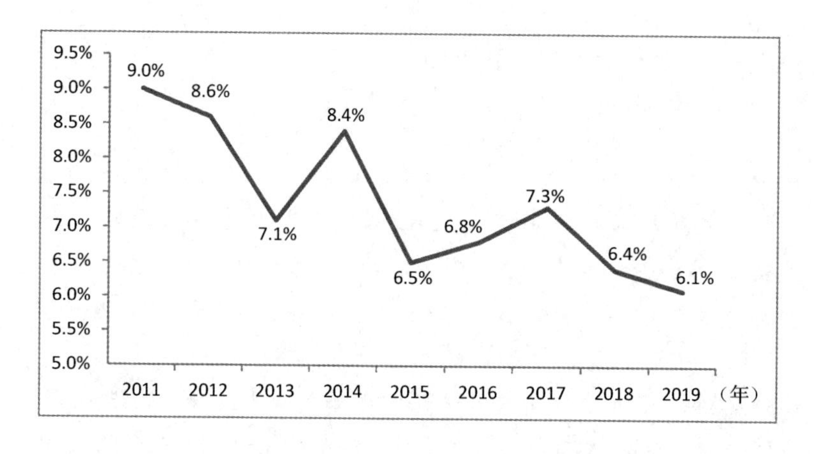

图1-4　2011—2019年中国GDP增速

（数据来源：国家统计局）

本次疫情出现之前，市场上一致预测2020年中国GDP增速大约为6%左右，在2020年年底会超额完成“十三五”所确定的经济增长目标。然而，新冠疫情这一“黑天鹅事件”的出现，打乱了经济社会的方方面面，经济增长不会按照原先预计的路径进行。

中央提出“努力实现全年经济社会发展目标任务，完成‘十三五’规划”的目标并不是喊口号，需要拿出实质性的措施。众所周知，GDP核算从支出法的角度来看，主要由消费、投资和净出口“三驾马车”组成，非常时期采取的措施就是通过“三驾马车”体现出来的。总体来看，由于消费和投资者这两驾马车的总量占据GDP的比例超过90%，我们主要考察消费和投资的变动。

回顾历史，与本次疫情非常相似的非典疫情时期的各类举措值得参考。

根据公开数据，2003 年，虽然非典疫情对经济产生了一定的消极影响，但全年仍实现了 10.5%的增速，经济增长之所以未受太大影响，投资的支撑作用不容忽视。

图 1-5 是根据国家统计局公开数据所列出的非典疫情前后消费和投资增速对比，2003 年消费增速同比下滑，而投资增速却增加了 23.7%，相对于 2002 年的 11.7%实现了大幅增长，而且 20%以上的高投资增速延续到 2004 年，确保了 2004 年的 GDP 增速，到 2005 年才出现回落。可见，在疫情影响下，投资有力支撑了经济增长。

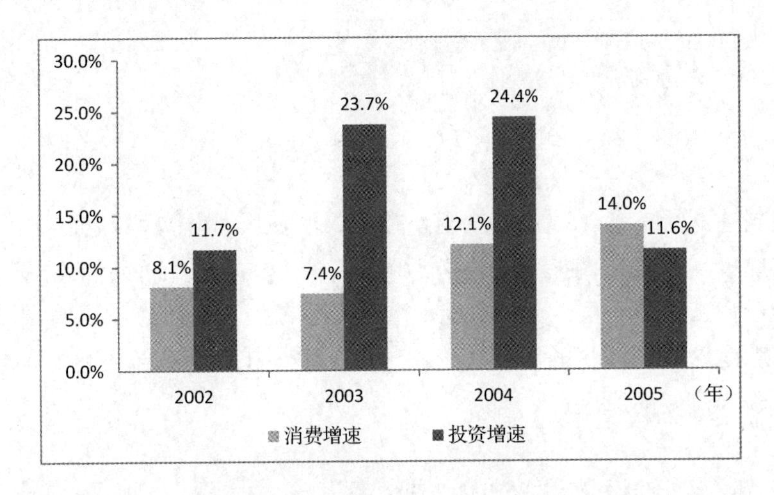

图 1-5　非典疫情前后消费和投资增速对比

（数据来源：国家统计局）

如果以上数据还不够直观，我们可以将时间线拉长，并将消费和投资对 GDP 的贡献率对比列在同一张图上，如图 1-6 所示。

从图 1-6 可以看出，过去十多年中，有两次投资对 GDP 的贡献率大幅提升，且远远高于消费对 GDP 的贡献率。最为典型的是 2008—2010 年期间的增长，当时由于席卷全球的金融危机，国内实施大幅度激励政策。第二高贡献率是在非典疫情背景下发生的，2003 年投资对于 GDP 的贡献率高达 68.8%，同期消费对 GDP 的贡献率仅为 36.1%。

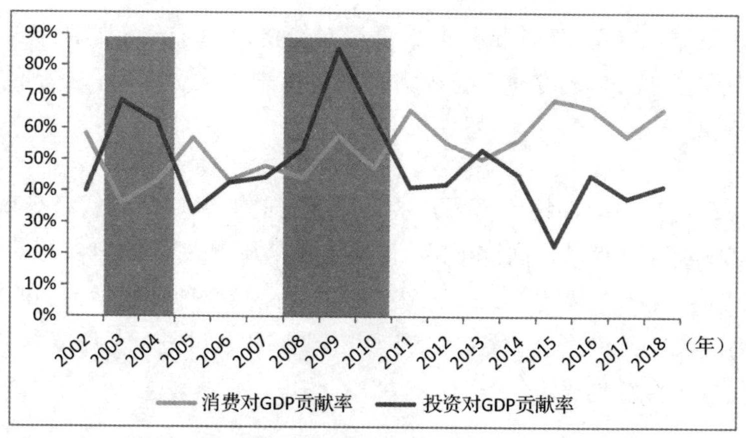

注：图中阴影处为两次投资的影响区间。

图 1-6 消费和投资对 GDP 贡献率

（数据来源：国家统计局）

数据的背后是各类政策和宏观调控工具的使用，在本次新冠疫情背景下，激励性的投资政策和调控工具也必不可少。不过，与传统的“铁公基”及房地产等投资工具不一样，当前的投资重点需要聚焦于高质量发展的领域，“新基建”就是这些领域中的重点之一，这也是中央在疫情背景下提出加快 5G、工业互联网发展的原因。

1.3.2 新型基础设施迎来初次“大考”

在本次新冠疫情的背景下，经济社会发展需要有新的动力，需要新的工具出来“临危受命”，新基建的投资无疑成为其中的工具之一。同时，接下来的几年也是新基建对国民经济作用的初次“大考”时期。着眼于全球技术竞争和国民经济各产业全面升级，新基建吹响号角。

2018—2019 年做出发展新基建的决策，是在“外部环境复杂严峻、经济面临下行压力”的形势下提出的。目前来看，这样的形势并没有改观，反而更加严峻，尤其是在今年我国抗击疫情的情形下经济下行压力已是确定的形势，因此 5G、工业互联网、物联网等新基建依然是投资重点。

以数字经济为例，撬动数字经济发展的基础设施和新型基础设施高度重合，5G、物联网作为数字产业化的核心内容，驱动整个数字经济的快速增长。在数字产业化的驱动下，数字化与国民经济各类行业融合，形成快速增长的产业数字化态势，使数字经济的结构得到优化。正如图 1-7 中数字经济结构的变化过程，产业数字化占数字经济的比重已达到 79.5%，且这一比重具有不断增长的趋势，这在一定程度上说明数字经济基础设施的乘数作用和撬动作用越来越明显。

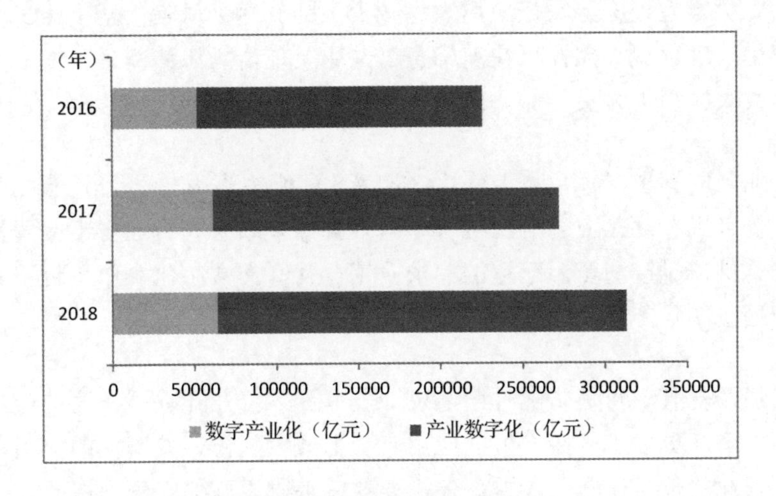

图 1-7　数字经济结构的变化

（数据来源：中国信通院）

新型基础设施建设从提出至今已有一年多的时间，业界也给予了高度关注，但目前还未形成新型基础设施的大规模投资。今年为保证实现全年经济社会发展目标任务，完成“十三五”规划的目标，5G、物联网、工业互联网等新型基础设施投资需要发挥作用，新基建对整个国民经济增长的撬动作用到底有多大？笔者认为这既是新基建的机遇，又是新基建对国民经济增长刺激作用的初次“大考”。

1.3.3　从微观领域走向宏观领域

在抗击疫情的过程中，5G、物联网、工业互联网等科技手段在大量工作中发挥了作用，这些可以说是针对具体工作的微观领域发挥作用。而中央政治局所提出的加快新基建发展则是要求5G、物联网、工业互联网在宏观领域发挥作用，即本节前面所提到的基础设施投资对GDP增长的作用。5G、物联网、工业互联网的作用开始从“微观”走向“宏观”。

从公开信息中我们可以看到，疫情期间基于5G的物联应用在智慧医疗、公共出行、生活娱乐、生产办公等领域已经有了大量应用。如基于5G的远程医疗、机器人查房等医疗应用大大减少了肺炎感染风险；基于5G的红外测温应用、远程视频监控可快速筛查公共场所疫情隐患；基于5G的无人配送物流大大减少了人员接触。因为疫情，这些场景得到快速落地。

工业互联网也发挥了重要作用，如基于工业互联网的平台资源、数据资源和开发者生态，在应急响应过程中有效支撑了政府和企业对于应用快速开发部署、供需对接和资源配置的需求；工业互联网数字化协作平台工具，支持企业加快了复工复产速度。

当然，疫情期间是非常时期，5G、物联网、工业互联网在这些微观领域发挥的作用，更多是一些零散的应用。要形成大规模、普遍化的应用，并带动千行万业的数字化转型，首先还需要这些基础设施的完善部署。

由于疫情，在短期内基础设施部署将会受到影响。以5G为例，5G产业链和5G网络建设都有所延缓，由于复工困难，各类器件设备生产交货延迟；小区、楼宇封闭管理，加上人员短缺，5G网络建设施工也有所延缓。当然，5G部署延缓只是暂时的，业界正在积极推进5G部署。

就在2020年2月21日中央政治局会议召开之后，工业和信息化部即召开了“加快推进5G发展、做好信息通信业复工复产工作电视电话会议”，会上特别强调加快建设进度，提出基础电信企业要及时评估疫情影响，制定和优化5G网络建设计划，加快5G特别是独立组网建设步伐，切实发挥5G建设对“稳投资”、带动产业链发展的积极作用。

随着疫情逐步得到控制，在经济社会发展目标的驱动下，5G部署速度估计会加快，投资规模也可能超过年初的计划。5G 可以作为逆周期调控的重要工具，在新基建的驱动下，传统行业和传统基础设施也会向智能化加速转型。

从中央政治局会议决议中可以看出，新基建投资驱动被提上议事日程。5G、物联网、工业互联网等技术在抗击疫情的各类微观领域虽然发挥着作用，但作为实现经济社会发展和“十三五”规划目标的重要手段，这些新基建元素刚开始登上宏观经济调控的舞台。

1.4 切勿夸大甚至神化新基建

中央今年重新提出新基建之后，“新基建投资”迅速爆红成为最热门的词汇。各类行业媒体和投资机构关于新基建的炒作热情非常高，逐渐呈现新基建的作用被远远夸大的趋势，似乎新基建已成为打破疫情影响、保证经济增长的唯一良药。2020 年年初，各省不断爆出万亿级重点项目投资计划，其中就包含新基建的投资，这些投资计划也被一些机构错误解读为“新版 4 万亿刺激计划”。

不可否认，新基建在 2018 年中央经济工作会议中提出之后，已经成为促进经济高质量发展的重要手段，在投资方面对 GDP 的贡献率也不断上升。但新基建尚处于发展初期，与近 100 万亿元 GDP 的总盘子相比，在短时间内还不足以成为整体经济增长的主要驱动力。基于公开资料和数据，我们需要客观看待投资和新基建对经济增长的作用。

1.4.1 探讨问题的基础：宏观经济和统计学基础知识

因为新基建涉及经济增长、投资、基础设施等宏观经济和统计学术语，我们首先需要对这些概念有一个共识。

GDP 是我们每个人都熟悉的一个词，但它对经济生活中各类产出有严格的区分，是指一定时期内生产活动的最终成果。“最终成果”首先是一个增量的概念，它不是所有营业收入的总和，营业收入中因为劳动力、资本、技术等因素创造出来的新增价值部分才能计入 GDP 中；其次它是最终值，也就是说中间投入不应该计入。

GDP 有三种计算方法，用支出法计算的话，它包括最终消费、资本形成总额、政府支出及货物和服务净出口总额，也就是我们常说的“三驾马车”。图 1-8 展示了 2000—2018 年资本形成总额对 GDP 的贡献率，而资本形成总额又是由固定资本形成总额和存货增加两部分组成的。

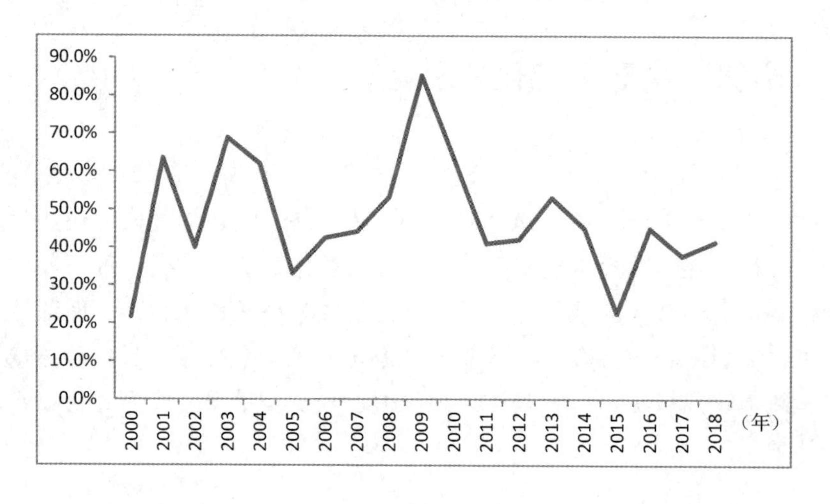

图 1-8　2000—2018 年资本形成总额对 GDP 的贡献率

（数据来源：国家统计局）

其中，固定资本形成总额是一定时期内获得的固定资产减处置的固定资产的价值总额，即固定资产净增长部分。在每年的固定资产投资中，基础设施投资是核心部分，根据国家统计局的定义，基础设施投资包括交通运输、邮政业，电信、广播电视和卫星传输服务业，互联网和相关服务业，水利、环境和公共设施管理业投资。

我们所说的新基建就属于基础设施投资的部分，它通过固定资产投资传导给固定资本形成总额，继而对 GDP 增长产生影响。但是，新基建及其固定资产投资并非最终值，它需要剔除处置的固定资产等各种核算后才能成为固定资本形成总额，才能对 GDP 增长产生直接贡献。

图 1-9 中的数据为 2008—2018 年资本形成总额与固定资产投资的对比，它们有相似的趋势和也具有一定的相关性。可以看出，固定资产投资构成了资本形成总额的主要部分。近年来，资本形成总额对 GDP 的贡献率保持在 40%左右，包括基础设施投资在内的固定资产投资对此贡献起到重要作用。

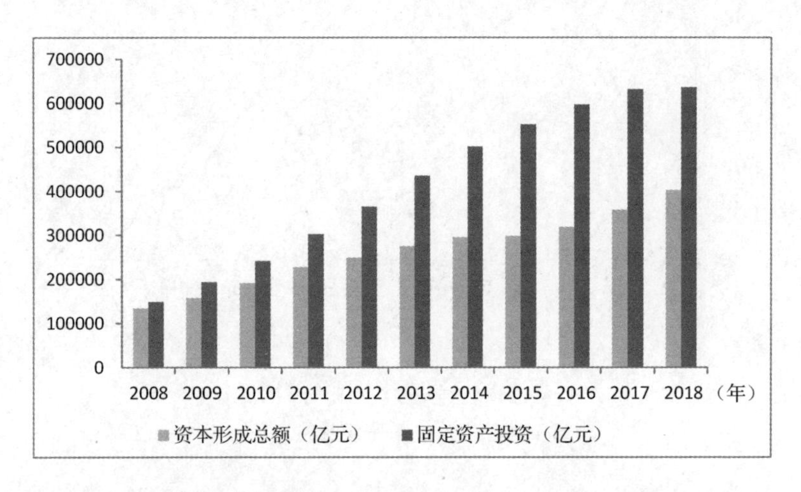

图 1-9　2008—2018 年资本形成总额与固定资产投资对比

（数据来源：国家统计局）

1.4.2　多地几十万亿投资实在没有必要惊呼

随着各省陆续公布 2020 年重点项目投资计划，一个数十万亿的投资版图正在形成。根据 21 世纪经济报道汇总，截至 2020 年 3 月 5 日，全国 24 个省市区公布了未来的重点项目投资规划，总投资额达 48.6 万亿元，其中 2020 年度计划投资总规模近 8 万亿元。这么天量的投资计划，加上疫情对整体经济增长的影响，不少人将其解读为新的经济刺激计划，甚至认为是重现 2008 年经济危机期间“4 万亿”投资的新版本。

我们不能人云亦云，这到底是不是新的刺激计划，能不能构成“新版4万亿”，我们还需要对投资的总量和结构进行分析。由于我们无法获得过去多年间全国基础设施建设投资的完整数据，而基础设施建设投资与固定资产投资有类似的发展趋势，我们从图1-10所示的固定资产投资增速的数据中可以略见一斑。

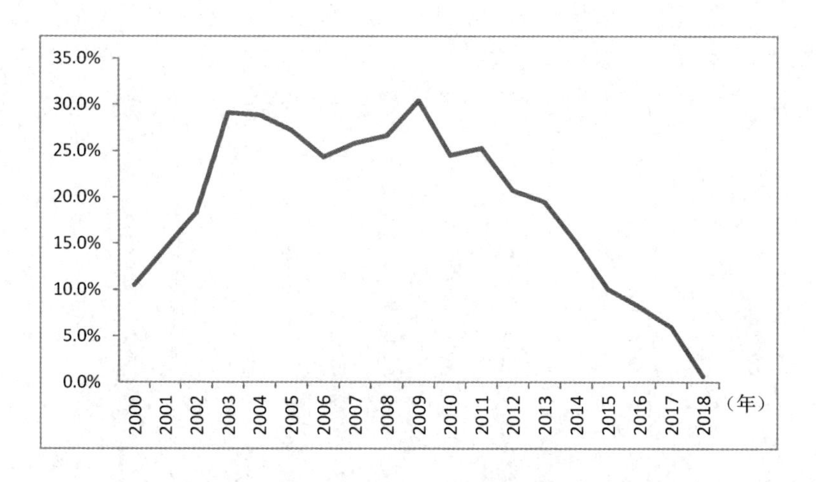

图1-10 固定资产投资增速

（数据来源：国家统计局）

从图1-10所示数据中可以看出，过去近20年中，中国的固定资产投资增速经历了倒U形的发展过程，近年来增速一直下滑，这和最终消费对GDP的贡献率越来越高相关。不过，在经济下行期间，固定资产投资增速会有所增长。根据2019年国民经济统计公报，2019年固定资产投资同比增长了5.1%。在2020年疫情的影响下，固定资产投资同比正增长是大概率事件。

但是，是否构成大规模的刺激计划，不在于固定资产投资是否增长，而在于是否有超出预期的大幅增长。虽然24个省市的重点项目投资规划超过48万亿元，但我们可以做一个横向的对比。笔者搜集了十几个省市2019年重点项目投资的数据，虽然未能获取所有省市的历史投资资料，但已有的数据可以在很大程度上说明问题。

先从总量来看，图1-11所示是笔者搜集的11个省级单位2019年和

2020 年重点项目计划投资总额的对比。

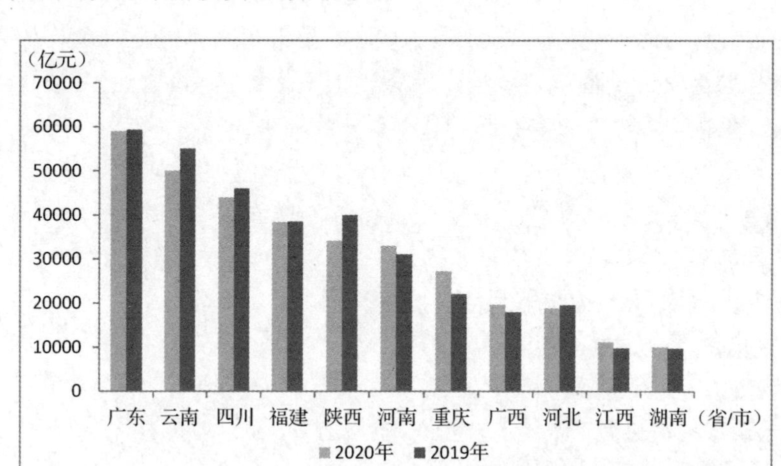

图 1-11　各省市 2019 年与 2020 年重点项目计划投资总额对比
（数据来源：各省发展改革委）

从图 1-11 所示 11 个省级单位重点项目投资计划来看，我们并未看到 2020 年比 2019 年有大幅上升，年度总投资额反而下降了。具体来说，11 个省级单位 2020 年重点项目计划投资总额超过 34.5 万亿元，相对 2019 年下降了 1%。其中，5 个省 2020 年投资总额高于 2019 年，重庆上升幅度最大，超过 20%。

从当年投资额来看，图 1-12 所示是笔者搜集的 11 个省级单位 2019 年和 2020 年重点项目本年度计划投资额的对比，其中包括广东、江苏、北京、上海等发达省市。

从图 1-12 所示数据可以看出，2020 年计划当年完成的投资额略高于 2019 年。具体来说，11 个省级单位 2020 年计划当年完成投资额比 2019 年计划当年完成投资额同比增长 1.9%。其中 3 个省份同比下降，若剔除这 3 个省份，则 2020 年计划当年完成投资额同比增长 7.5%，这一数字也并不会显示出大规模的投资增长。不过，2020 年计划当年投资完成投资额的增长速度高于总投资额增长速度，这也从一个侧面反映出一些基础建设项目落地的加速。

虽然以上数据仅包含 11 个省级单位，但在很大程度上也能反映出 2020

年整体基础设施建设投资的动向。当然，2020 年的投资计划是各省近期所发布的，随着形势的变化，后期会不会调整还是未知数。但是，仅从现有各省所发布的重点项目投资计划数据，就得出大规模经济刺激出台，甚至“新版 4 万亿”的观点显然是非常武断的。

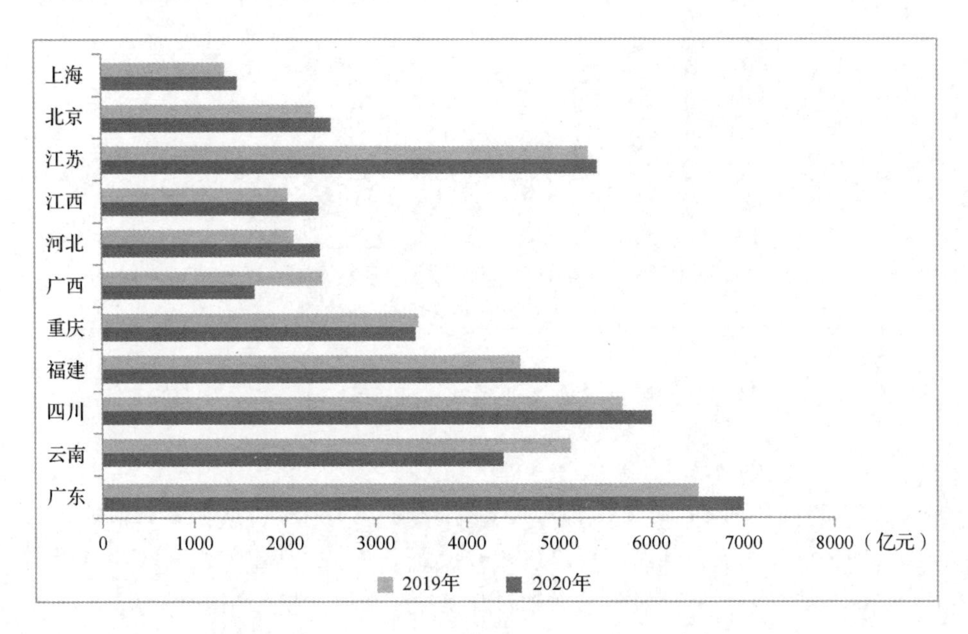

图 1-12　各省市 2019 年与 2020 年重点项目本年度计划完成投资额对比
（数据来源：各省市发展改革委）

1.4.3　新基建的作用：到底有多大盘子？

新基建到底包括哪些内容，目前还没有一个权威定义，比较典型的是央视在一期节目中对新基建涉及领域的分类，包括 5G 基站、特高压、城际高速铁路和城市轨道交通、新能源汽车充电桩、大数据中心、人工智能、工业互联网共 7 大领域。

由于 5G、工业互联网、人工智能等都属于物联网的核心领域，笔者作为物联网的从业者对这些方面更为关心。笔者一直认为，包括 5G、工业互联网在内的新基建是未来经济高质量发展的重要手段。但是，新基建虽然登上了宏观调控的舞台，但在短期内是否能够快速对经济增长形成大规模支撑还需仔细分析。在当前环境下，要保持100万亿元大盘子的经济总量且仍然持续增长，则所使用工具的盘子也需要足够大，因此我们首先需要考察一下新基建的盘子。

我们以中国最发达的省份广东为例，广东同时也是迄今为止公布的重点项目计划投资最高的省份。根据广东省发布的2020年重点项目投资列表，表1-1是梳理出的与新基建相关的项目及可能涉及的金额。

表1-1 广东省新基建相关项目及金额

项　　目	金额（亿元）
5G基站	148
特高压	168
城际和城市交通	9069
新能源充电桩	89
大数据中心	105
人工智能	434
工业互联网	10

数据来源：21世纪经济报道

从表1-1所示数据可以看出，与新基建相关的项目涉及金额约为1万亿元，占广东省计划总投资金额近17%，在投资比例上占据一席之地。不过，我们可以看到，其中涉及城际高铁和城市轨道交通的金额超过90%，而这一领域严格上来说其实并未包含在中央多次提出的新基建的范畴中。若剔除这一项，则剩余新基建项目投资金额仅占计划总投资金额的1.6%。想象一下，仅占1.6%的盘子，虽然其对其他产业的乘数和撬动作用高于其他领域，但根本无法在整体经济增长中形成力挽狂澜的作用。

将广东的数据扩大到全国，虽然目前还没有新基建投资的统计数据，但可以通过一些其他相关数据来考察。由于PPP（政府和社会资本合作）项目大多都和基础设施建设相关，根据国泰君安宏观团队的跟踪，全国 PPP 项目中不同类别的占比如图 1-13 所示。

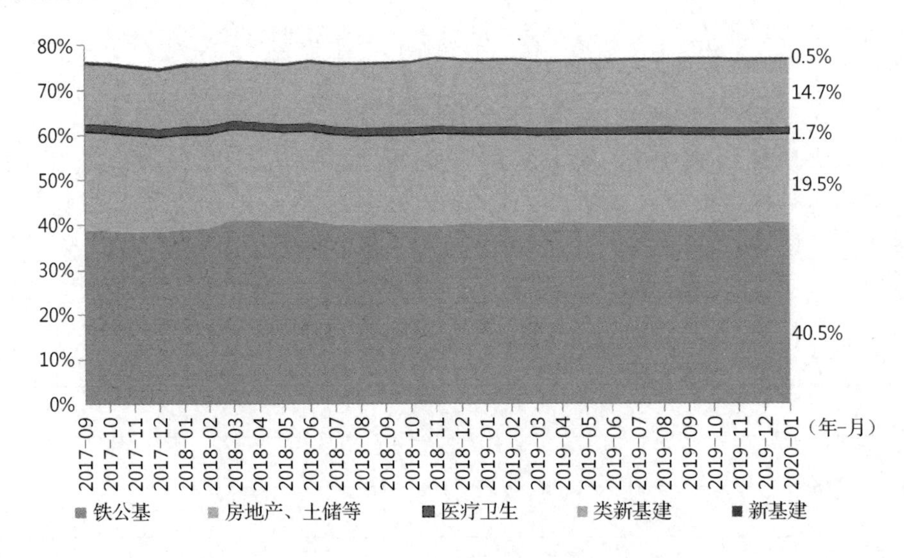

图 1-13　全国 PPP 项目中不同类别的占比

（来源：国泰君安）

目前存量 PPP 项目总投资规模大概 17.6 万亿元，其中铁公基（铁路、公路、港口、码头、机场、隧道等）规模最大，投资约 7.1 万亿元，占比约 40.5%；其次是房地产、土储相关，占比 19.5%左右；再次是医疗卫生项目，占比 1.7%。新基建项目仅不足 1000 亿元，占比只有 0.5%。

虽然新基建备受关注，但其投资金额在基础设施建设总投资中占据比例的提升还需很长时间。从这个角度来看，新基建目前在整个国民经济投资盘子中占比还非常小，因此我们没有必要夸大甚至神化新基建对经济增长的作用。

1.4.4　新基建迎来首次考验，“长跑”特征明显

我们在前文中曾提到，今年将新基建着重提出，不仅在于它在固定资产投资中能够发挥作用，更在于在这次疫情背景下新型基础设施对国民经济作用的初次“大考”的成效。

新基建提出不到2年的时间，从理论上来研究，它对于国民经济的积极作用远远大于传统基建，但这只是理论上来讲而已，到底最终效果如何，还需要时间的考验。目前，5G、物联网、工业互联网等基础设施只是处于部署的初期，对于国民经济各行各业的数字化转型及创造就业方面还未形成规模化的影响。

而传统基建则已经历过历史的考验，对使国民经济短时间内保持增长具有立竿见影的效果。这一考验的历史时期其实非常长，远地来说，几千年前战国时期，秦国兴修水利、开垦荒地等基础设施投资带来国力兴旺；1929—1933年美国经济大萧条时期，罗斯福新政中推出“以工代赈”和大力兴建公共工程，立即起到了经济复苏的作用，而在此基础上，凯恩斯学派成为经济学的主流学派，而且在后来的几十年中，占据了各国经济政策中理论依据的头把交椅。

知名房地产商曾做了一个形象的比喻：房地产就是夜壶，需要的时候拿出来用，不需要的时候就往床底下一踢。话糙理不糙，在过去多年中，房地产在稳增长中的作用确实立竿见影。如今，新基建虽然不能起到立竿见影的作用，但未来一定不是“夜壶”，而是不仅仅能够推动我国经济稳增长，更是高质量增长的利器，是“里子”和“面子”都具备的宏观工具。

对于5G、物联网、工业互联网等很多项目，很多限制条件是技术因素，并不是在政策刺激和投资到位的情况下就能快速上马，而是需要累积的技术研发和科技进步的过程才能承担起基础设施的作用。而其他老基建的限制条件主要是政策和资金，当政策和资金到位后，马上就能启动并发挥作用。这些固有特征，决定了5G、物联网、工业互联网这些新基建领域发挥作用是一个“长跑”的过程。

比如，“城市大脑”就是人工智能领域非常典型的基础设施，假以时日可能成为与供水、供电、通信等一样的城市基础设施，但城市大脑的成形需要一段时间。诸如城市大脑一样的其他科技型基础设施，在2020年技术和研发水平没有达到大规模商用的情况下，新基建的作用也无从发挥。

实际上，5G也是正好赶上了这一重大机遇期，承担起了新基建的重任。在2019年，5G不论是标准、技术、产业链、牌照等各方面都准备就绪，才有在2020年成为新基建的机会。试想一下，若全球5G标准制定推迟2年，那么5G元年可能要推迟到2021年之后，在2020年这个非常时期，如果技术、产品、产业链还不成熟，那么5G也不可能成为投资重点。正如本书开头所述，其实移动通信已经不止一次这么“幸运”了，当年的3G牌照发放和建设期也与2008年全球金融危机时期重叠，从而使3G投资成为经济稳增长的一个重点。

2020年基础建设投资已经开启，国民经济增长涉及面非常广，依赖的是各行各业共同的努力。5G、物联网等新基建业态作为一个新事物，具有非常广阔的前景，对国民经济千行百业数字化转型能够形成支撑，但是作为一个宏观经济工具，其发挥作用应该是一个“长跑”的过程，我们确实没有必要夸大甚至神化新基建。

1.5 理清新基建的内涵和外延

对一个新事物的探讨，首先要对这个新事物的概念范畴有一个明确的共识。若对概念范畴理解不同，所讨论的内容很有可能不是同一对象。对于新基建，我们首先要确定其内涵和外延，在这个共识的基础上再继续讨论才有意义。

1.5.1 新基建提出的场合

新基建是在中央经济工作会议上提出来的，在高层的多次会议和文件中也不断强调。表1-2总结了中央高层会议和文件中对新基建的表述。

表 1-2 中央高层会议和文件中对新基建的表述

时间	场合	内容
2018.12.21	中央经济工作会议	要发挥投资关键作用，加大制造业技术改造和设备更新，加快5G商用步伐，加强人工智能、工业互联网、物联网等新型基础设施建设
2019.03.05	政府工作报告	加大城际交通、物流、市政、灾害防治、民用和通用航空等基础设施投资力度，加强新一代信息基础设施建设
2019.07.30	中央政治局会议	稳定制造业投资，实施城镇老旧小区改造、城市停车场、城乡冷链物流设施建设等补短板工程，加快推进信息网络等新型基础设施建设
2019.12.12	中央经济工作会议	引导资金投向供需共同受益、具有乘数效应的先进制造、民生建设、基础设施短板等领域。 要着眼国家长远发展，加强战略性、网络型基础设施建设
2020.01.03	国务院常务会议	大力发展先进制造业，出台信息网络等新型基础设施投资支持政策，推进智能、绿色制造
2020.02.14	中央全面深化改革委员会第十二次会议	基础设施是经济社会发展的重要支撑，要以整体优化、协同融合为导向，统筹存量和增量，传统和新型基础设施发展，打造集约高效、经济适用、智能绿色、安全可靠的现代化基础设施体系
2020.02.21	中央政治局会议	发挥好有效投资关键作用，加大新投资项目开工力度，加快在建项目建设进度。加大试剂、药品、疫苗研发支持力度，推动生物医药、医疗设备、5G网络、工业互联网等加快发展
2020.03.04	中央政治局常务委员会会议	要选好投资项目，加强用地、用能、资金等政策配套，加快推进国家规划已明确的重大工程和基础设施建设。 要加大公共卫生服务、应急物资保障领域投入，加快5G网络、数据中心等新型基础设施建设进度
2020.04.17	中央政治局会议	要积极扩大有效投资，实施老旧小区改造，加强传统基础设施和新型基础设施投资，促进传统产业改造升级，扩大战略性新兴产业投资

从中央会议和文件的精神，可以看出中央对新基建的重视。不过，新

基建并没有一个权威的概念，从中央多次提及新基建的内容中，我们可以看出 5G、物联网、工业互联网、人工智能、数据中心等 ICT 技术基础设施比较明确地提出来，可以说是新基建的核心内容。那么，当前市场上非常热门的七大类别，即 5G、特高压、城际高速铁路和城市轨道交通、新能源汽车充电桩、大数据中心、人工智能、工业互联网这七大领域，其中多个领域中央在提出新基建的表述中并未提到过，如特高压、城际高速铁路和城市轨道交通。

1.5.2 新基建的范畴

新基建不是一个框，不是所有想蹭热点的投资行为都可以装进来。不论是新基建，还是传统基建，首先都属于基础设施投资，基础设施投资是有严格的范畴界定的，符合这些范畴才能成为新基建的备选。

国家统计局对基础设施投资的范畴有明确界定：指为社会生产和生活提供基础性、大众性服务的工程和设施，是社会赖以生存和发展的基本条件。包括以下行业投资：铁路运输业、道路运输业、水上运输业、航空运输业、管道运输业、多式联运和运输代理业、装卸搬运业、邮政业、电信广播电视和卫星传输服务业、互联网和相关服务业、水利管理业、生态保护和环境治理业、公共设施管理业。

第一个关键词是“社会生产和生活”，即这类设施必须面向全社会，全社会企事业单位的生产能用到，或者全社会家庭和个人生活能用到；第二个关键词是“基础性、大众性服务”，即构成企事业单位、家庭、个人不可或缺的服务。

从经济学的角度来讲，野村证券中国区首席经济学家陆挺认为基础设施带有规模效应、外部性、网络性和不易收费等部分或全部特征。规模效应在于必须具有一定规模才能带来经济效益的提高；外部性是本部门的行为会给他人或社会造成明显的影响；网络性是指产品或服务的价值随着用户人数的增加而更快增长；不易收费主要是对于公共基础设施作为公共产品无法向使用者收费。就 ICT 产业这些提供数字化基础设施的业态来说，很多就具有部分或全部以上 4 个特征。

2020 年 4 月 20 日，国家发展改革委首次就新基建的概念和内涵做出解释，认为新基建包括信息基础设施、融合基础设施和创新基础设施三方面。

在笔者看来，对于新基建应该从狭义和广义两个角度去看。此处可以借鉴中国信通院持续发布的数字经济白皮书对于数字经济的概念界定，数字经济包括数字产业化和产业数字化两部分，数字产业化即各类 ICT 产业为各行各业数字化提供技术、产品和方案；产业数字化即各行各业采用数字化技术、产品和方案进行转型升级。因此，我们可以对新基建的内涵和外延做一下区分：

狭义的新基建可以认为是中央在提出新基建的表述中反复提及的内容，即 5G、物联网、工业互联网、人工智能、数据中心等 ICT 技术基础设施，这些也是为国民经济各行各业数字化转型提供数字基础设施的领域。

广义的新基建是指在狭义新基建的赋能下，传统基建形成深度数字化的落地。例如，城际高速铁路和城市轨道交通不再是以往纯粹的交通设施，这些基础设施中也充分利用了 5G、物联网、人工智能、大数据等基础设施的能力，形成数字化、智能化的交通基础设施；又如特高压建设过程中也将各类 ICT 基础设施纳入其中，形成转型升级的新电网设施。另外，新兴产业对应的基础设施也可以认为是广义的新基建，如与新能源汽车产业对应的充电桩；公用基础设施补短板和弱项的领域，如公共卫生、环保体系等，也会充分利用 ICT 基础设施能力。

狭义和广义的新基建分类，与国家发展改革委所提出的新基建三方面内容有明显的对应关系。狭义新基建与国家发展改革委所说的信息基础设施基本吻合，广义新基建则包含了融合基础设施和创新基础设施。

当然，狭义的新基建也有多种分类方式。与国家统计局所定义的有形固定资本形成总额和无形固定资本形成总额类似，基础设施建设也有有形和无形之分。从这些ICT（information and communications technology，信息与通信技术）基础设施来看，5G铁塔、基站、NB-IoT基站、数据中心机房等可以说是有形的基础设施，而工业互联网标识、物联网平台、5G云化核心网、城市大脑等可以说是无形的基础设施，它们和有形基础设施一样，投资后会产生数倍的乘数效应，为大量行业赋能。

本书以狭义的新基建为主，更多聚焦于5G、物联网通信这些基础设施领域，并探讨围绕这些领域的主要技术、产业生态、政策监管等方面的内容。

| 第 2 章 |

商用加速，5G 时代已经到来

5G 作为新基建的核心领域，不仅给各行各业数字化转型提供底层技术支持，而且是国家高科技实力的体现。从很早开始，各国已经把 5G 发展视作国际竞争力的重要表现形式，而 5G 的技术研发和商用在某种程度上成为实力竞争和科技主导权争夺的过程。

2.1 美韩运营商争抢 5G 商用“头彩”

2.1.1 全球首个商用，韩国拔得头筹

2019 年，美国和韩国上演了一场“全球首个 5G 商用国家”的争夺战，最终韩国以领先 1 个小时的“微弱优势”胜出，抢到全球 5G 商用的“头彩”。这场争夺战经历了如下过程。

- 2018 年 12 月 1 日，韩国三大运营商 SK、KT、LG U+同时宣布其 5G 网络正式开通，不过当时尚没有完善的 5G 商用终端，消费者还无法使用 5G 服务，因此还不能称为 5G 商用；
- 随着韩国 5G 终端推出，商用日程逐渐明朗，韩国政府初步确定正式提供 5G 商用服务的时间为 2019 年 3 月 28 日；
- 2019 年 3 月 14 日，美国运营商 Verizon 宣布将于 2019 年 4 月 11 日在芝加哥和明尼阿波利斯两个城市推出 5G 商用服务；
- 2019 年 3 月上旬，由于担心 5G 终端和网络测试的稳定性，再加上韩国政府否决了 SK 提交的 5G 资费方案，称该方案仅有大流量套餐，缺少中低档的安排，韩国将 5G 正式商用时间推迟至 2019 年 4 月 10 日左右；
- 2019 年 3 月下旬，随着三星 Galaxy S10 5G 终端的顺利测试、SK 提交新的资费，加上为争取早于美国商用，韩国将 5G 商用日期确定为 2019 年 4 月 5 日；
- 针对韩国确定的发布日期，美国 Verizon 宣布将提前一周在明尼阿波

利斯和芝加哥商用 5G，具体时间为美国时间的 2019 年 4 月 3 日；

- 为了拔得头筹，韩国临时改变计划，提前在当地时间 2019 年 4 月 3 日晚上 11 点，宣布开通 5G 商用网络服务。

由于东西方时差的因素，韩国 5G 商用比美国早了 1 个小时，成为“全球首个”5G 商用的国家。对此美国很不服气，Verizon 一位高管认为韩国在晚上 11 点仓促发布的商用并不是真正的商用，因为当时仅有在网络测试时就注册的 6 名用户，这 6 名用户包括韩国演艺团体 EXO 的 2 名成员和花样滑冰冠军，并没有面句大众开放网络注册。直到韩国三大运营商举办三星首款 5G 手机的面世活动，才正式开始为 5G 手机用户办理入网手续。但无论如何，“全球首个 5G 商用国家”的头彩还是被韩国抢到。

2.1.2 快速发展的“先行者”带来的启示

当然，韩国并非只去争夺“全球首个”的虚名，它在 5G 产业发展方面也做了很多功课，因此在初期获得了快速发展。

从用户数量来看，2019 年 6 月，韩国 5G 商用仅 69 天用户规模就突破了 100 万；8 月，韩国 5G 用户超过 200 万；9 月，韩国 5G 用户突破 300 万；10 月接近 400 万；2020 年 1 月底韩国 5G 用户接近 500 万，这一数字已经占据韩国总人口的十分之一。而事件回拨到 2011 年，韩国商用 4G LTE 网络时，虽然韩国运营商宣传力度非常大，但用户达到 100 万个仍用了 5 个月的时间。

为了 5G 的发展，韩国运营商可谓下了很大血本，这些血本首先表现在终端补贴和降低资费两个方面。

1. 针对 5G 手机的高昂价格，韩国运营商提高了终端补贴力度

5G 商用初期仅有两款 5G 手机，三星 Galaxy S10 5G 和 LG V50 ThinQ 5G 上市，起初这两款 5G 终端的价格基本在 100 万韩元以上（约 6000 元人民币），而在 2019 年 6 月这两款手机的价格已经从起初的 100 万韩元降至 40 万韩元（约 2300 元人民币），这一力度让 5G 终端迅速降低至民众可接受的价格区间。

2. 不限流量套餐也是5G用户迅速增长的另一驱动力

起初，韩国三大电信运营商提供了不同档位的 5G 套餐，月资费从 5.5 万韩元（约合 300 多元人民币）到 13 万韩元（约合 700 多元人民币）不等，而这一资费包含的流量有限。相对于 4G 资费，这一资费还是非常贵的，令普通用户望而却步。然而，在短短一个多月的时间里，这一套餐已扩展至不限流量，对于大流量用户来说，最终其平均价格会低于 4G 价格。据调查，在 5G 商用后不到 3 个月的时间内，韩国 5G 用户的日均使用流量已达到 4G 的 3 倍。

5G 应用的培育也是韩国产业界各方关注的核心要点，尤其是在消费领域培育了一批新应用，其中多媒体和游戏 2 个领域比较突出。举例来说，SK 推出低时延社交直播、12KUHD 视频和视野更宽的棒球直播，与多家世界级 VR/AR 运营商合作推出了 5G 流媒体游戏；KT 推出基于 5G 的视频、游戏等内容服务，推出 4K 无线 VR 服务“KT Super VR”及可穿戴式 360 度 VR 相机，希望通过 VR 服务攻占 5G 媒体市场；LG U+为消费者提供独家媒体内容，包括 U+职业棒球和 U+高尔夫、U+偶像直播、U+AR、U+V 等，把套餐和内容结合做成了独家特点。正是这些应用的培育，保证了韩国 5G 流量使用的快速增长。

除此之外，政府政策的作用必不可少。在韩国 5G 刚刚商用 5 天后，韩国政府就发布了“5G+”战略。韩国总统文在寅对此表示，韩国政府正在国家层面推进 5G 战略，将打造世界一流的 5G 生态圈，争取到 2026 年占据 15%的全球市场份额，创造 60 万个相关优质岗位，实现 730 亿美元的出口目标。

为完成韩国“5G+”战略目标，韩国政府将和民间机构计划携手投资超过 30 万亿韩元（约合人民币 1761 亿元），争取在 2022 年之前尽快建成覆盖韩国全国的 5G 网络，培育包括新一代智能手机、无人机、自动驾驶汽车、智能工厂、智能城市等基于 5G 技术的新产业和新服务。韩国还将在政府部门和公共机构率先引进和使用 5G 技术，大胆开展试点项目，这有利于快速激活市场。

当然，韩国 5G 市场的快速发展有其自身国情的原因，在其他国家没法复制。总结来说主要包括以下几点。

首先，就广度来看，韩国国土面积大约是 10 万平方千米，与我国浙江省面积相近。由于韩国各种回传光纤部署较为密集，为无线网络提供了较好的基础；其次，韩国的通信监管部门对于其国内运营商在 5G 服务和终端方面出台了多方面的政策，在一定程度上促使韩国三大运营商之间进行合作而不是竞争；再次，韩国三大运营商对于其站址资源进行主动协调，使三家基站的覆盖可以快速开展起来。

然而，初期的快速发展不代表整个产业快速发展，还需要有更坚实的基础支撑才能保持持续增长。根据韩国科学技术信息通信部统计数据，韩国 5G 移动用户数量增长正在放缓，如图 2-1 所示。

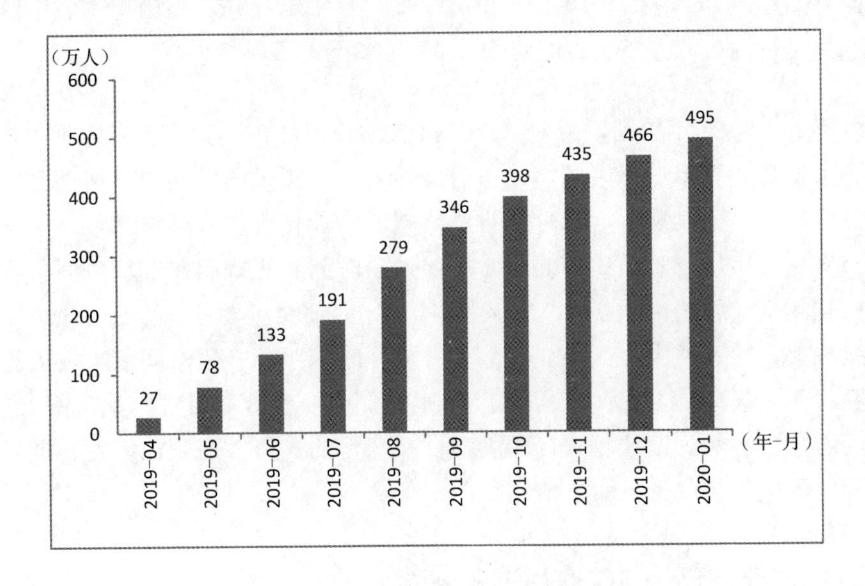

图 2-1　韩国 5G 用户数量

（来源：韩国科学技术信息通信部）

事实上，2019 年 8 月韩国 5G 用户新增数量最高，达到新增 88 万的峰值，在此之后随着三大运营商终端和资费补贴有所减少，用户增速开始下降，2020 年 1 月仅新增 29 万户，而且伴随着对网络质量的诟病。从韩国 5G 发展历程中，我们可以得到一些启示，高额的补贴不可取，建设优质网络和拓展应用更为重要。

2.2 中国5G正式牌照提前发放

由于中国5G产业链的准备就绪，加上中美5G之争，中国5G商用的速度比之前的预期更快了一些。2019年6月6日一大早，工业和信息化部向中国移动、中国电信、中国联通、中国广电四家企业正式发放了5G商用牌照，中国开始进入5G时代。2019年10月31日，中国移动、中国电信、中国联通三大运营商公布了5G商用套餐，5G迎来正式商用。

不过，2019年年初，工业和信息化部部长苗圩在接受采访时表示，2019年国家将在若干个城市发放5G临时牌照，使大规模的组网能够在部分城市和热点地区率先实现，同时加快推进终端的产业化进程和网络建设。这一消息公布后，市场一时纷纷猜测临时牌照发放时间和正式牌照发放时间。各方分析预测正式牌照可能在2019年下半年甚至2020年发放。不过，在5G牌照发放上，国家并未按照原先计划先发放临时牌照，一段时间后再发放正式牌照，而是提前直接发放5G正式商用牌照，可以看出中国对5G商用加速推进的态度。当然，发放正式商用牌照并非仓促的决策，而是在产业链准备就绪和国际竞争大背景下做出的。

2.2.1 产业链已为5G商用准备就绪

2019年6月6日之前，国内各方已做好了5G商用的准备。

2019年5月，工业和信息化部对外表示，国内芯片、终端、系统都已成熟，对于5G正式商用已经做好了准备。全球仅有少数几家厂商具备5G基带芯片设计的能力，国内厂商华为海思、紫光展锐、联发科都已发布5G芯片，跻身5G芯片核心厂商行列。终端方面，6月之前已经有包括华为、OPPO、vivo、小米、中兴、联想、一加等诸多国内终端厂商发布5G原型机，上市时间基本上都在2019年，终端型号数量也保持全球领先。而5G系统方面，华为和中兴作为全球核心通信设备厂商，在5G设备领域早已准备就绪。移动、联通、电信三大运营商在2018年财报中透露，2019年在5G方面的投资超过300亿元。

产业链各环节的推进并非孤立进行，在工业和信息化部、国家发展改革委、科技部的推动下成立的IMT-2020（5G）推进组聚集各方力量进行技术标准落实和验证工作的实施，保障产业界各方协同推进。2016年起，IMT-2020（5G）推进组针对5G技术研发试验开启了关键技术试验、5G技术方案验证和5G系统验证三个阶段的测试验证，2018年之前完成前两个阶段的测试。2018年1月，5G第三阶段测试开启，工业和信息化部信息通信发展司司长闻库将5G技术研发试验第三阶段的规范比喻成中学阶段的课本和考试大纲，5G技术研发试验第三阶段将是5G实现"18岁成人"的关键一步。到2019年1月，第三阶段测试圆满完成，测试结果表明，5G基站与核心网设备均可支持非独立组网和独立组网模式，主要功能符合预期，达到预商用水平。

同时，三大运营商已获得全国范围5G中低频段试验频率使用许可，而且国内至少有十多个省已发布5G建设和产业规划，多地已开展5G规模化试商用工作。研发试验测试完成、产业链准备就绪，相对于海外其他国家我们已经具备了产业链上的优势，但这一优势并不足以让"5G引领"得到实现，只有尽快发放5G商用牌照，让产业链的优势在真正商用的过程中发挥出来。正如中国工程院院士邬贺铨在一次采访中所说：我们不争抢第一，但要做世界上第一批商用5G的国家。

2.2.2 中国5G发展的优势

中国5G的商用加速发展，让全球见证移动通信产业标杆的产生。那么，与其他国家尤其是美国相比，我们能够形成"中国速度"，在5G发展方面的优势有哪些呢？

1．最强的政策支持和执行能力

从政策角度来看，中国的5G发展获得的支持是其他任何国家不可比拟的。不论是本次中央重新强调5G作为新基建对促进经济稳增长的作用，还是各地方政府积极出台各类支持政策，都将5G看作未来5—10年增强全国和地方科技实力、促进国民经济各行业转型升级的必备条件。

2．初期有利的频谱资源

无线电频谱是移动通信的载体，而无线电频谱的稀缺性使得它成为产业竞争力的核心之一。中国三大运营商获取的是中频资源，即3.5GHz、2.6GHz和4.9GHz频段。中频能够兼顾覆盖和成本，在5G商用初期能够助力运营商快速建设一张广覆盖的网络，快速开展运营。当然，随着产业持续发展，用户数量增多，尤其是当对带宽需求越来越高时，还是需要开发毫米波频段，以更广泛的资源来应对需求增长。

由于国家的政策方向不同，目前美国6GHz以下的频段主要归军方和其他部门使用，这直接促使美国在进行5G试验和初期商用部署时只能使用毫米波。毫米波相比中频段覆盖范围上的劣势十分明显，大大增加了5G建网的成本。

当然，频谱资源是一个动态的发展过程，美国也正在进行中低频段的腾退重耕，我国也在规划毫米波频段的商用，频谱开始使用的时间和频谱的结构对于产业应用进展影响很大，因此也直接影响到整体产业的竞争力。

3．产业链：通信设备和终端实力

5G产业链中，中国在通信设备和通信终端两个领域具有明显的优势。

随着摩托罗拉退出历史舞台和朗讯被收购，美国已不存在真正意义上的电信设备商。而在同一时间，中国的华为、中兴崛起，在3G/4G时代，华为、中兴实现弯道超车，跻身全球四大电信设备商行列，而且市场份额占据全球半壁江山。另外，大唐和烽火合并为中国信科，实力不断增强。在5G时代，中国的通信设备商有望引领全球5G发展。

在5G终端方面，中国手机终端厂商在5G产品发布方面积极性非常高。早在2019年年中，已有明确发布计划时间表的5G手机厂商中，中国厂商占据绝大多数，表2-1总结了2019年5G牌照发放前已有发布计划的商用5G终端。

表2-1　2019年5G牌照发放前已有发布计划的商用5G终端

厂　商	终端型号
华为	Mate X
	Mate 20 X 5G
三星	Galaxy S10 5G
	Galaxy Fold 5G
小米	Mix3 5G
OPPO	Reno 5G
vivo	NEX 5G
一加	一加7 Pro 5G
中兴	Axon 10 Pro 5G
LG	V50 ThinQ
Moto	Z3 5G
努比亚	Mini 5G
谷歌	Pixel 4
HTC	HTC Vive

当然，虽然美国在通信设备、终端领域的产业链环节没有突出优势，但是在底层芯片、操作系统、核心软件等IT领域拥有强大的实力。我们国家在这些领域依然比较薄弱，因此需要持续加强底层IT技术的研发。

2.3 5G新基建的中国速度

在政策和产业链的驱动下，发放5G牌照后，5G新基建进展迅速。不论是运营商的基站建设推进，还是各个地方政府给予的支持，都呈现出“中国速度”。在新冠疫情的影响下，出于促进通信业稳增长的使命，5G新基建更是加快了速度。

2.3.1 运营商5G建设的决心

2020年3月17日，全球移动通信系统协会GSMA发布了《中国移动经济发展报告2020》，报告显示，得益于中国运营商对5G的大规模投资，企业用户和消费者对5G的热情日益增长，中国稳居全球5G领导地位。自从2019年推出了5G商用服务后，中国运营商正在引领为消费者和企业客户提供多样化服务的发展趋势。

GSMA表示，中国处于5G早期发展的领先地位，2020年3月份已经部署超过16万个5G基站，覆盖50多个城市。同时，运营商们还在致力于扩大5G网络覆盖范围和容量并推进独立组网（SA）的部署。为充分释放5G带来的利好，在频谱和基础设施方面制定灵活的政策对于支持中国继续向成熟的数字经济转型具有重要战略意义。

GSMA预测，到2025年，中国5G用户的渗透率将达到近50%，与韩国、日本和美国等其他主要5G市场相当。预计2020至2025年间，中国运营商基于移动业务的资本支出将达到1800亿美元，其中大约90%将被用于5G网络建设。

从GSMA的报告可以看出，业界对于中国运营商在5G推进方面的力度深信不疑。那么中国运营商做了哪些工作？

1. 2020年建成超过60万个基站

在新冠疫情的影响下，5G建设变得格外受人关注。2020年2月底，工业和信息化部召开关于加快推进5G发展、做好信息通信业复工复产工作电视电话会议；3月初召开5G发展专题会，对于5G基础设施建设密集部署。在这些会议上，三大运营商透露了2020年5G基站建设的目标。

中国移动透露2019年已建成超过5万个5G基站，2020年年底5G基站数将达到30万个，确保2020年在全国所有地级以上城市提供5G商用服务。在随后3月19日中国移动2019年年度业绩发布会上，中国移动高管再次明确这一目标，即2020年新建25万个5G基站，力争5G套餐客户净增7000万个左右。2020年8月，中国移动明确基站开通数将比原计划增加5万个，即2020年年底将建设超35万个基站。而对于这一目标，中国移动准备了1000亿元的“弹药”，占2020年预计资本总开支1798亿元的55%以上。

中国联通也明确了建网数量、建网节奏，即2020年上半年将与中国电信完成47个地市、10万个基站的建设目标，三季度完成全国25万个基站建设，较原定计划提前一个季度完成全年建设目标。

同样，中国电信也在前期工作的基础上，调整了5G建设计划。2020年上半年，要追回受疫情影响的建设进度，9月底，和中国联通共同完成25万个5G基站的建设，力争在2020年年底前完成30万个5G基站建设的目标。

在5G新基建落地的过程中，“共建共享”成为一个亮眼的主题。中国联通透露，截至2020年3月5日累计开通5G基站约6.6万个，其中自建开通4.3万个，共享电信2.3万个，双方合计开通共建共享基站5万个，基本完成了第一阶段的并网目标，初步估算双方共节省投资成本约100亿元。

2020年中国累计建成超过60万个基站的目标，在全球5G建设中处于领先地位，凸显了5G新基建的“中国速度”。

2. 快速增长的 5G 投资，开展大规模招标

基站建设计划的披露，给 5G 产业链带来提振，而运营商大规模的基建招标，更是将这种提振落地。

早在 2019 年 11 月，中国移动就启动了超过 400 亿元的 5G 无线网络首次大规模招标，31 个省公司都加入其中，招标内容包括无线网、核心网、业务网、支撑网，以及传送网、承载网、电源。到了 2020 年 3 月 6 日，中国移动发布 2020 年 5G 二期无线网主设备集中采购（简称集采）公告，共涉及 28 个省，总需求超过 23 万站。这次启动 5G 二期工程设备集采，旨在保证实现 2020 年年底 5G 基站数达到 30 万个的目标，确保 2020 年内在全国所有地级以上城市提供 5G 商用服务。2020 年 3 月 10 日，中国电信和中国联通启动了 2020 年 5G SA 新建工程无线主设备联合集采，预计规模为 25 万站。除此之外，三家运营商也分别开启了承载网和核心网的集采。

2020 年 4 月底，随着中国联通 5G 核心网集采中标候选人的公布，三大运营商 2020 年 5G 网络首轮大规模采购全部出炉，包括无线接入网、承载网和核心网三类主要组成部分，总金额近 900 亿元，吹起了 5G 新基建落地的号角。表 2-2 是三大运营商 5G 集采的中标结果。

表 2-2 三大运营商 5G 集采中标结果

5G 网络	运营商	金额（亿元）	中标企业
无线接入网	中国移动	370	华为、中兴、爱立信、中国信科
	中国电信	328	华为、中兴、爱立信、中国信科
	中国联通		
承载网	中国移动	95	华为、烽火、中兴、诺基亚贝尔
	中国电信	22	华为、中兴、和计奥普泰、欣诺、新华三、烽火
	中国联通	22	华为、中兴、烽火、新华三
核心网	中国移动	32	华为、中兴、爱立信
	中国电信	1.7	华为、中兴、爱立信
	中国联通	未公布	华为、中兴、诺基亚贝尔、爱立信

从三大运营商首期大规模中标结果可以看出，无线接入网的投资占总投资的80%左右，是5G网络成本最高的部分，同时也是通信设备厂商竞争最激烈的领域。近年来，全球主流运营商积极推动开放无线接入网（Open RAN），其中一个核心目的就是用开源和白盒化设备替换专用设备，大大降低网络投资的总成本，当然Open RAN目前还没法成为5G网络部署的主流。

5G基础设施投资主要由三大运营商自筹资金进行。根据三大运营商公开的2019年年度财务报告，2019年三家运营商资本开支总额接近3000亿元，2020年由于推动5G建设的需求，三家运营商预计资本支出总额上升到3348亿元，增长了11.7%。而资本开支的结构变化更为明显，2019年中国移动、中国电信、中国联通5G投资占其资本开支的比例分别为14.5%、11.9%、14%，而2020年三家运营商预期5G投资占资本开支的比例均超过50%，可见5G投资是运营商2020年工作的重中之重。

2019年6月6日5G商用牌照发放，三家运营商在2019年累计5G投资超过410亿元，初期投资更多基于NSA组网，2020年5G投资基本聚焦于SA组网，投资规模也迎来大幅增长。表2-3为三大运营商2020年资本开支和5G投资的数据。

表2-3　三大运营商2020年资本开支和5G投资的数据

运　营　商	资本开支（亿元）	5G投资（亿元）
中国移动	1798	1000
中国电信	850	453
中国联通	700	350

从具体数据来看，三大运营商2020年计划在5G领域的总投资超过1800亿元，其中中国移动5G相关投资为1000亿元，中国电信为453亿元，中国联通为350亿元。目前，三大运营商首期大规模集采金额已达到近900亿元，占据5G计划投资的一半份额。当然，5G的投资不仅只在无线接入网、承载网和核心网三部分，与其相关的还有业务、支撑、土建、动力等其他方面的

投资。因此，剩余的900亿元不会全部投入到无线接入网、承载网和核心网上，2020年接下来的时间里对这三部分集采的规模可能远远低于首次集采。

3. 有效的5G发展策略

2019年6月，中国移动举行了一场“5G+”战略发布会，在本次发布会上，中国移动向外界公开了其5G发展战略。中国移动的5G战略愿景是使5G真正成为社会信息流动的主动脉、产业转型升级的加速器、数字社会建设的新基石。在发展路线图上，中国移动明确了全面实施“5G+”的计划，具体来说是通过推进5G+4G协同发展、5G+AICDE融合创新、5G+ Ecology生态共建，实现5G+X应用延展。其中，AICDE分别指人工智能（AI）、物联网（IoT）、云计算（Cloud Computing）、大数据（Big Data）和边缘计算（Edge Computing）。在网络架构上，明确加速推动SA目标方案的成熟与应用，充分发挥5G系统的能力。

2019年4月，中国联通发布了5G新品牌及“7+33+*N*”网络部署计划，即在北京、上海、广州、深圳、南京、杭州、雄安7个城市城区连续覆盖，在33个城市实现热点区域覆盖，在*N*个城市定制5G网中专网。同时，中国联通在商业模式方面提出了智能连接+流量类产品、网络集成+运营类产品、开放平台+应用类产品等三大类的服务。

中国电信在5G发展上坚持SA组网方向，开展5G共建共享。与以往发展策略类似，在5G领域，中国电信也持续坚持5G终端引领。值得注意的是，作为运营商中公有云领先的厂商，中国电信也发布了5G+天翼云+AI战略，即目标是打造一张网、一朵云、一套系统、一套流程，向云网一体化方向发展，基于云网融合和5G的结合，再加上AI的赋能，使中国电信能够打造一个智能物联网，能够基于智能物联网提供一个生态平台。

可以看出，运营商对于5G发展策略非常明确，5G代表运营商下一代核心网络的基础设施和资产。

2.3.2 全国各地政府对于5G高度支持

工业和信息化部曾多次表示，鼓励和支持地方政府积极出台有关支持政策，为5G网络建设和发展提供便利条件。各地方政府对于5G的支持热情非常高，纷纷出台各类政策。

根据赛迪智库的研究成果①，截至2020年1月中旬，全国各省级地方政府出台的5G政策数量为28个，其中北京、上海、江西、山东、河南、重庆6省市各推出2个5G政策文件。各种政策文件一般都聚焦于5G网络建设、5G技术创新、5G产业培育、5G推广应用这四个大的方面。

就基础设施建设方面来看，各省级政府都会出台政策加强5G基站统筹规划布局，采取将通信基础设施及5G基站布局纳入国土空间总体规划，为建筑物规划预留5G宏站、微站、室内分布系统的设施空间的具体措施。对于支持5G基站建设所使用的站址方面，各地的政策中一般都会指出加大公共资源向5G基站建设开放的力度，如推进党政机关、事业单位、国有企业所辖的公共区域、绿地、楼面、楼顶、灯杆、监控杆、交通信号杆等公共设施的开放。由于5G基站能耗较高，各地政策也会在降低用电成本方面推出相关内容，通过推进机房供电“抄表到户”工作、统筹安排5G建设运营专项补贴等方式，合理降低运营商的运维成本。

在各地方政府的大力推动下，5G新基建落地也走出了“中国速度”。表2-4是部分省市提出的2020年5G基站建设的计划。

表2-4 部分省市2020年5G基站建设计划

序号	省/市	5G基站建设计划
1	北京	预计2020年年底开通5G基站数将达4万个

① 参考《谁在助力5G加速跑？——中国地方政府5G政策研究》，赛迪智库无线电研究所。

续表

序号	省/市	5G基站建设计划
2	天津	到2020年年底建设5G基站2万个，市中心城区等区域基本实现5G覆盖
3	河北	2020年力争建设5G基站1万个，实现省内全部地级市覆盖5G网络
4	山西	2020年年底全省5G基站累计1.5万个，基本实现各区市中心城区5G连续覆盖和商用
5	辽宁	2020年年底前，14个地级市将实现5G覆盖，初步规划建设2万个5G基站
6	上海	2020年累计建设3万个5G基站，力争"三年任务两年完成"
7	江苏	2020年年底5G基站将达到5.5万个，大力发展"5G+工业互联网"
8	浙江	2020年建成5G基站5万个，实现县城以上全覆盖
9	安徽	力争2020年建成5G基站1万个，促进5G移动互联建设和5G+产业发展
10	福建	力争2020年建成5G基站1万个，加快5G商用步伐
11	江西	2020年建成5G基站2万个，南昌、鹰潭及重点应用场景5G网络全覆盖
12	山东	2020年建成5G基站3万个，实现5G规模商用
13	河南	2020年实现县级以上城区5G全覆盖，加快全省5G商用进程
14	湖南	2020年计划在全省14个市州核心城区建设1.6万个5G基站
15	广东	2020年三季度末完成5万座5G基站建设，力争全年建设6万座
16	广西	2020年开通2万个5G基站，发展5G用户100万户
17	重庆	实施5G融合应用行动计划，2020年新建5G基站3万个
18	贵州	2020年力争5G基站达到1万个，各市级以上城市中心城区5G网络覆盖
19	云南	预计2020年新增5G基站1.8万个
20	西藏	推进5G应用，力争2020年年底各地（市）所在地覆盖5G网络
21	甘肃	2020年建成5G基站7000个以上，基本实现地级市城区5G网络全覆盖
22	宁夏	2020年年底建设5G基站4000座，在重点区域率先开展5G商用

第 3 章

基建投资，5G 部署运营的有效模式探索

5G、物联网作为新基建的代表，我们首先来考察它们的基础设施建设和运营。其中，最为典型的基础设施就是具有规模化效应的网络基础设施，除了5G网络，支撑物联网的2G/3G/4G/NB-IoT网络皆是基础设施的代表。如何高效、低成本地进行网络的建设和运营，是这些新基建的投资者们需要思考的问题。

3.1 普遍服务也是新基建的一个重任

5G已经进入正式商用阶段，但是在未来几年中，4G网络依然是占比最大的主流移动通信网络，4G的投资依然会持续增加，4G的覆盖广度和深度也会进一步加强。其中，向着广大农村和偏远地区持续扩展，是4G网络的一个重要任务，因为这是通信企业承担电信普遍服务责任的体现。若干年后，当5G成为主流网络时，为农村和偏远地区提供5G的电信普遍服务也不可避免。

3.1.1 普遍服务意义重大，100年不回本也要做？

为了宣传脱贫攻坚和普遍服务的成果，人民日报官方微信公众号曾经推送了一篇《14亿人全民通电如何做到？18根电杆为1户供电，100年无法回本》的文章，让我们看到中国提供电力普遍服务的决心和执行力。正如这篇文章中所描述的，提供普遍服务，尤其是给偏远地区提供服务的最大挑战是基础设施建设施工困难重重。

与电力普遍服务类似，电信普遍服务深入到广袤国土中的每家每户，也克服了各种难以想象的困难。举例来说，《经济日报》的记者曾在采访西藏电信村通工程时写道："沿途一边是悬崖峭壁，一边是万丈深渊，真是如履薄冰，在这样的自然条件下，中国电信的施工队伍正在肯肯村架设新的通信杆路，为肯肯村开通光纤网络。"施工现场如图3-1所示。

图3-1 电信村通工程施工现场

（来源：中国电信）

在如此恶劣环境下提供的电信普遍服务，带来的收益一定是十分微薄的。以西藏某村为例，光缆线路等建设费再加上设备投资达到近200万元，维护费每年10万元，而整个村一共只有29户，即使全部开通宽带业务全年也仅有3万元收益，这是一个不可能回本的生意。但体现了电信普遍服务的意义——让任何人在任何地点都能以承担得起的价格来享受电信服务。

普遍服务是信息通信业发展的最高宗旨，早在20世纪初期，美国运营商AT&T就提出普遍服务理念，20世纪90年代底，美国通过立法形式对提供电信普遍服务的公司提供大力支持。全球有大量国家也在践行普遍服务的理念，然而很多国家普遍服务的执行并不是非常理想，而中国的普遍服务可以说是执行最为到位的。

在经历过电话、宽带"村村通"的普遍服务工程之后，2018年起，中国迎来电信普遍服务"升级版"方案，即4G移动通信的普遍服务。2018年5月，工业和信息化部和财政部联合发布《关于深入推进电信普遍服务试点工作的通知》，将支持农村及偏远地区4G网络覆盖，重点支持行政村、边疆地区和海岛地区4G网络基站建设。在5G商用前夕，4G普遍服务的启动，成为ICT产业履行社会责任的重要举措。

随后，工业和信息化部和财政部联合发布的《2018年度电信普遍服务试点申报指南》中明确了4G覆盖的目标：加快偏远和边疆地区4G网络覆盖，到2020年实现全国行政村4G覆盖率超过98%，边疆地区4G覆盖率显著提升，为全面建成小康社会提供坚实支撑。其中，行政村4G覆盖指该村村委会5千米范围内有4G基站，或该村村委会、学校、卫生室及任一20户以上人口聚居区均有4G信号。

中国的行政村具有数量多、规模小、分散凌乱的特点，与电力普遍服务类似，4G覆盖率超过98%，这个目标挑战巨大。

3.1.2 普遍服务并非任性烧钱，也在探索合理投资模式

100年不回本，作为市场化主体的企业，不可能独立完成这一任务。实际上，对于电信普遍服务，我国多年来持续在探索合适的模式，目前常用的是财政资金引导和普遍服务基金补助两种模式。

在我国，为支持农村及偏远地区4G网络覆盖，充分发挥了财政资金的引导作用。由《关于深入推进电信普遍服务试点工作的通知》中的内容可知，财政部根据工业和信息化部核定的试点项目综合成本，结合年度预算规模安排支持资金，有明确的补贴方案，具体来说包括：

- 对于偏远行政村试点，补贴规模按建设成本和6年运营成本的30%确定；
- 对于重点边疆地区试点，补贴规模按建设成本和10年运营成本的30%确定；
- 对于海岛试点，适当加大支持力度，由工业和信息化部结合地方申报的工作方案，向财政部提出建议，财政部根据实际情况确定。

从财政部发布的《关于下达2019年电信普遍服务补助资金预算的通知》可以看出，2019年中央财政支持电信普遍服务补助资金达到32亿以上，支持超过2万个4G基站的建设，平均每个基站财政补贴16万元，如表3-1所示。

表 3-1　2019 电信普遍服务补助资金分配表

支持建设基站数（个）	应安排补贴金额（万元）	一、二批试点退回奖金（万元）	2019 年奖金预算实际拨付/收回金额（万元）
22647	387624	64452	323172

数据来源：财政部

当然，仅中央财政资金支持远远不能达到农村和偏远地区 98%以上的 4G 覆盖目标，对于普遍服务，需要“发挥中央财政资金引导作用，带动地方政府加强统筹和政策支持，以企业投入为主”。在 2019 年 8 月的一次研讨会上，工业和信息化部数据显示，自 2015 年年底实施电信普遍服务试点以来，中央财政资金带动三大电信运营商累计投入 400 多亿元实施电信普遍服务，支持 13 万个行政村通光纤和 4G 建设。可以看出，在基础设施建设方面，运营商确实承担了不少社会责任，普遍服务带来成本的上升或许只能通过交叉补贴来进行补偿。

设立普遍服务基金是国际上通用的一种做法。不仅是电信普遍服务，其他基础设施领域如电力行业也设立了电力普遍服务基金。

多个国家在普遍服务基金方面已有了成熟的经验。例如，早在 20 世纪 90 年代，美国联邦通信委员会就建立了一个专门的普遍服务基金管理部门，负责从所有的电信服务公司以业务收入为基数征收普遍服务基金，对提供普遍服务的电信公司进行补偿，而且以《电信法案》的形式规定任何一个合格的能提供普遍服务的公司，只要提供政府规定的普遍服务项目，就有资格接收普遍服务的补贴；澳大利亚也采用普遍服务基金的方式对普遍服务的亏损进行补贴，具体补贴方式为成本补贴中的运维成本补贴法。

3.1.3　普遍服务带来新内容

基础设施普遍服务的作用都不能单纯地只从经济效益方面来衡量。在社会效益上，基础设施普遍服务的实施给农村和偏远地区带来生产、生活方式的焕然一新。

目前，我国正在大力实施脱贫攻坚战和乡村振兴战略，拥有数亿人口的农村也蕴含着巨大的市场，具有大量就业群体和潜在的新兴产业形态。公路、电力、通信等基础设施进入各个村庄后，这些国家战略才能正常执行。在很多已实现电信普遍服务的地区，当地农村、农民、农业借助新的信息化手段形成了新的产业形态。

两年前受到热捧的京东“跑步鸡”就是农村扶贫项目的创新，京东金融为贫困户提供贷款和鸡苗，由贫困户进行散养，每只鸡带上脚环进行步数监测，超过100万步后京东以原价格的3倍回购。这个过程中，“跑步鸡”步数监测用到了物联网的技术，而这个创新项目的实施一定要在本地有稳定的电信网络服务的情况下才能实现。

又如，福建第二批电信普遍服务完成后，不仅让农村和偏远地区的人民用上了宽带和移动网络，而且也给农民生活带来更多便利。例如，在农村卫生所建立远程医疗和报销系统，村民医药费报销无须出村；为某村猕猴桃种植园搭建农业物联网平台，提高作物管理水平，直接带来产值提升。

因此，电信普遍服务不仅给农村和偏远地区带来基础通信业务，而且在此基础上将移动互联网、物联网等各类生产服务方式带给广大农村，为农村带来新的经济增长点。

移动通信产业已进入5G时代，由于成本的不断攀升，面向5G的各类技术手段和商业模式也在不断降低建设运营成本，其中不少可以用到电信普遍服务中。在电力行业，对于无电地区的普遍服务，业界也在探索使用分布式能源、智能微网等方式来减少投资，这些方式也为电信普遍服务提供了参考。

在商业模式方面，共建共享不再是纸上谈兵，中国联通和中国电信已经开启了共建共享合作。在广大农村和偏远地区，共建共享的效果显得更为明显。由于有些地区人口稀少，三家运营商无须在每个村庄都建设一套无线接入网，接入网完全可以共建共享。而且，共建共享应该扩展到运营商之外，通信、电力、道路等基础设施运营商也可以在偏远地区共享一些基础设施来降低成本，如输电塔向电信运营商开放，挂载通信基站。

在技术方面，各类技术进步也在节约成本。例如，“卫星网络+4G”的配合，可以减少环境恶劣地区的基础设施建设，用微波回传通信基站的信号可以减少光纤铺设施工的成本；用固定无线接入（FWA）、波束赋形等技术为人口稀少的农村提供无线接入服务，替代昂贵的光纤入户等。

若干年后，当5G已成为移动通信网络主流时，或许5G通信的普遍服务将提上日程。正如目前加速4G在农村和偏远地区的建设一样，5G进入农村和偏远地区，中央财政、普遍服务基金同样发挥着重要作用。不同的是，一方面有了4G的部署基础，再加上5G的各类技术手段及部署方式的成熟，或许会进一步降低普遍服务的成本；另一方面，随着中国乡村振兴战略和脱贫攻坚战的实施，农村、偏远地区产业结构升级也会带来信息消费需求的提升，使5G能够发挥更大的社会效应。

3.2 规模化商用后我们需要建多少个5G基站?

即使没有新基建的提出，在过去多年中，通信业投资本身作为基础设施投资的重要组成部分，在驱动经济增长中发挥着应有的作用。由于5G对国民经济各行各业的赋能作用，将在之前的基础上产生更强的驱动作用。2020年2月底，工业和信息化部发布了《2019年通信业统计公报》，对过去一年中国通信业各方面的表现进行总结。以史为鉴，翻阅之前多年的通信业统计公报，对过去10年中通信业投资相关的各类数据进行回顾，可对我们考察未来5G基础设施投资提供一定的参考。

3.2.1 流量：庞大用户基数，呼唤5G应用和内容创新

总体来说，我国拥有全球规模最大的4G用户数，截至2019年年底，4G用户总数达到12.8亿户，全年净增1.17亿户，占移动电话用户总数的80.1%。

图3-2展示了2014—2019年中国4G用户的增长过程。

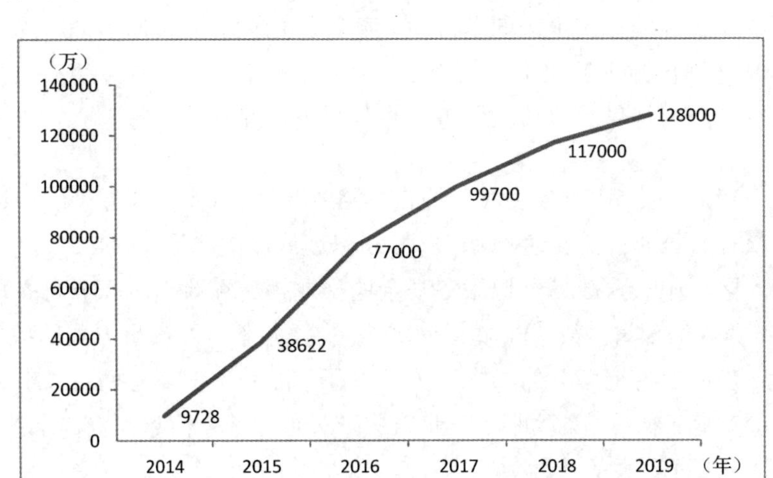

图3-2　2014—2019年中国4G用户的增长过程

（来源：工业和信息化部）

超过12亿的4G用户基数为中国的互联网产业发展奠定了坚实的用户基础，互联网各类应用都需要规模效应，庞大的基础用户数为各类互联网创新提供了土壤。2019年，移动支付、移动出行、视频直播、短视频、餐饮外卖等线上线下融合应用不断拓展新模式、新商圈、新消费，这带来了移动互联网接入流量消费的较快增长。如图3-3所示，2019年移动互联网接入流量消费达1220亿GB，比上年增长71.6%；全年月户均移动互联网接入流量（DOU）达7.82GB/月/户，是上年的1.69倍。电信企业的流量数据监测表明，2019年移动用户使用抖音、快手等短视频应用消耗的流量占比已超过30%。

工业和信息化部预测，随着5G与各行业的融合和应用创新，流量消费潜力会得到进一步释放，韩国5G用户的月户均流量消费是4G用户的3倍以上。可见，未来5G流量消费依然是核心的商业模式之一，关键是发展基于5G的新型移动互联网应用和内容。截至2019年年底，我国国内市场5G手机出货量1377万部，5G用户规模以每月新增百万的速度扩张，正如4G时代短视频应用创新一样，5G时代发展起来的用户基数为互联网创新提供了丰富的土壤。

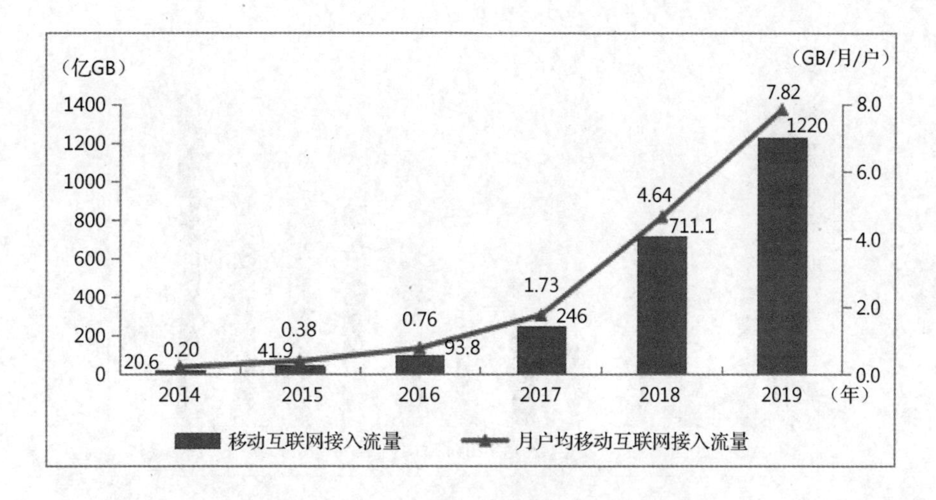

图 3-3　2014—2019 年移动互联网流量情况

（来源：工业和信息化部）

3.2.2　基站：结构变化见证通信业的代际变迁

移动通信基站是该行业核心的固定资产，每一年度基站的建设数量在很大程度上代表着通信行业的投资规模和服务质量。图 3-4 反映了过去 10 年中国移动通信基站数量的变化，中国已建成全球数量最多的移动通信基站，网络覆盖广度和深度全球领先。

根据工业和信息化部每年年度统计公报的数据，2009 年我国的移动通信基站为 111.9 万个，到 2019 年年底这一数字已达到 841 万，10 年时间增长了 6.5 倍。基站作为基础设施，也从一定程度上反映了通信业固定资产投资的速度。

在从 111.9 万增长到 841 万的过程中，通信基站的结构也在不断发生着变化，最典型的是经历了从 2G 基站为主到 4G 基站为主的变迁过程。图 3-5 中的数据反映了 2009—2018 年全国不同制式基站比例的变化。

由于无法获取 2019 年度 2G 基站和 3G 基站的公开数据，因此图 3-5 仅选取 2009—2018 年的数据，从图中可以看出以下特点。

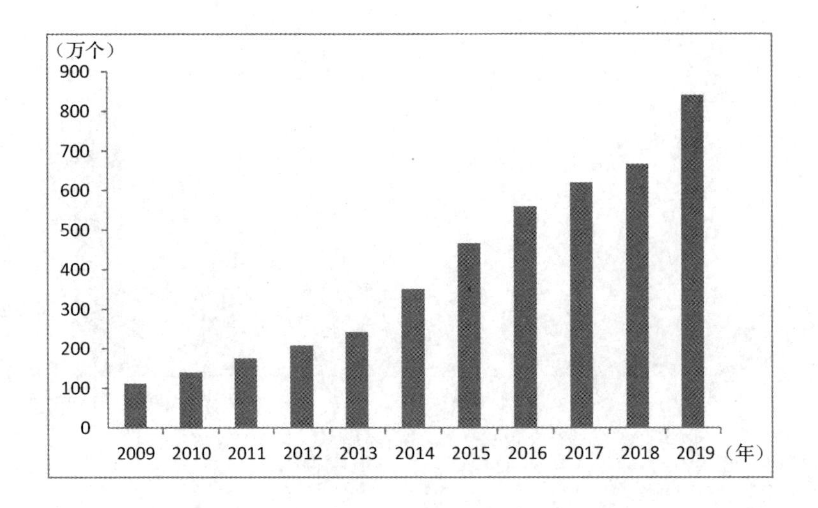

图 3-4　2009—2019 年全国移动通信基站数量

（来源：工业和信息化部）

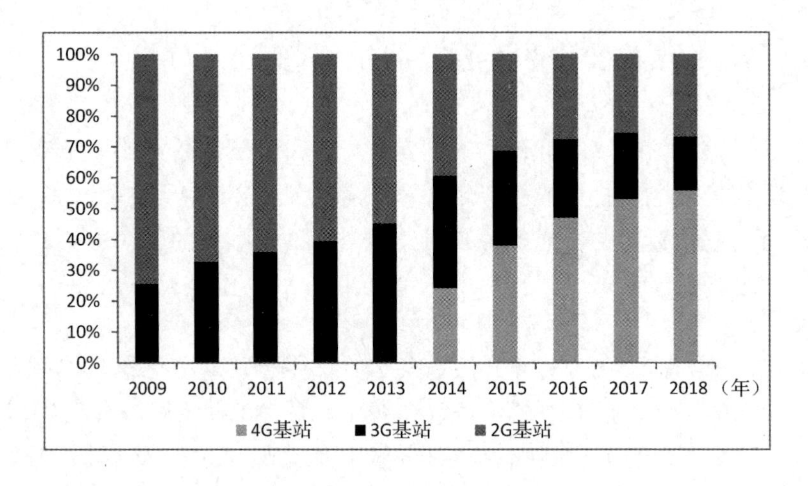

图 3-5　2009—2018 年全国不同制式基站的比例

（来源：工业和信息化部）

- 2009 年 2G 基站占据全国移动通信基站总数 74%的份额，2G 是主流的移动通信方式，直至 2014 年，2G 基站也依然占据绝对优势。
- 2008 年年底，工业和信息化部正式向三大运营商发放了 3G 商用牌照，2009 年年初 3G 基站开始建设部署，在接下来的 5 年中 3G 基站成为中国通信行业投资的主要基础设施，然而直到 2018 年年底，3G 基站的数量似乎从来没有超过2G基站的数量，这是否也在侧面反映出3G发展的不尽如人意？

- 2013年年底，工业和信息化部正式发放4G牌照，从2014年开始，4G建设飞速发展，到2015年年底4G基站数量就已经超过2G基站数量，成为移动通信基站的主流形式。

2019年是中国的5G元年，但过去一年通信业发展的一个典型特征是新建4G基站的猛增，从图3-6中可以明显看出这一特征。

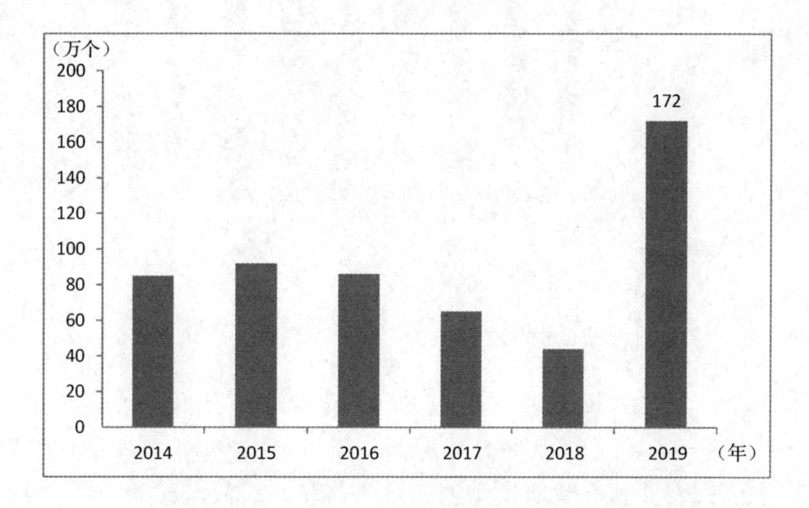

图3-6　2014—2019年每年新建4G基站数量
（来源：工业和信息化部）

2019年全国4G基站总数为544万个，而这一年新建4G基站为172万个，占4G基站总数近32%。参考历年通信业统计公报，2019年新建4G基站数远远超过历年的新增数。工业和信息化部解读指出，这个数字一方面实现了网络大规模扩容，弥补了农村地区覆盖的盲点，提升了用户体验，另一方面提升了核心网能力，为5G网络建设夯实基础。从这个角度来看，一方面，2019年度通信业普遍服务工作力度较大，另一方面，2019年度4G基站投资的部分原因或是为5G NSA（独立组网）在做准备。

在4G成熟、5G商用的背景下，2G/3G减频退网成为业界重点关注的话题，2G/3G 基站数量的变化也可以说是这一形势的缩影。图 3-7 展示了过去 10 年 2G/3G 基站数量的变化。

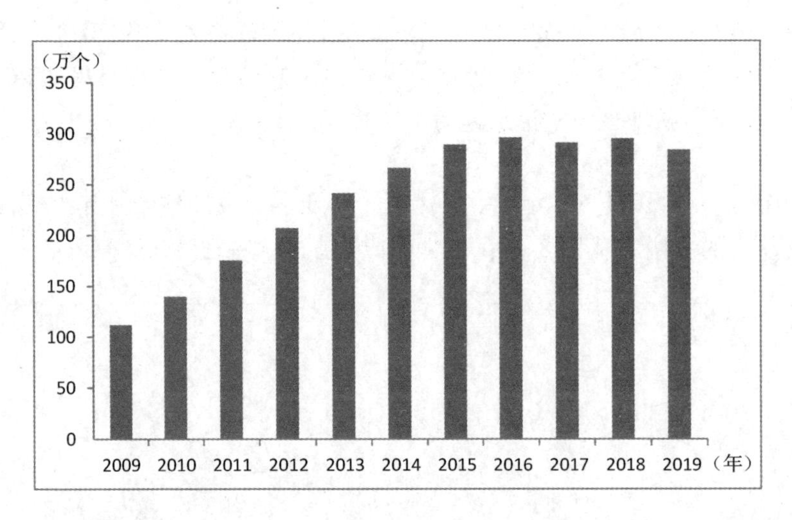

图 3-7 2G/3G 基站数量的变化

（来源：工业和信息化部）

从 2014 年开始，2G/3G 基站占总基站数量的比例开始逐年下滑，2019 年这一占比仅有 34%。而从绝对数来看，2016 年 2G/3G 基站总数达到 296 万个的历史峰值，往后开始逐渐减少。过去 3 年绝对数量减少的速度并不快，但预计在 5G 商用和用户加速迁移的情况下，2G/3G 基站总数会迎来快速减少的趋势。

5G 商用在路上，截至 2019 年年底，我国 5G 基站数量已超过 13 万个。我们将 2014—2019 年的 2G/3G 基站、4G 基站、5G 基站占比放在同一个图上比较，如图 3-8 所示。

2019 年 5G 基站所占比例虽然不足 1.6%，但随着 5G 商用的加速，全国移动通信基站的结构也会发生明显的变迁。

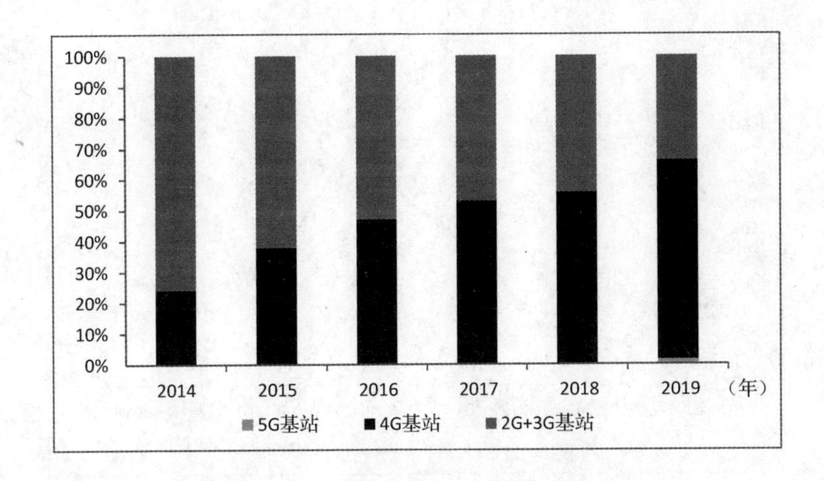

图 3-8 2014—2019 年不同类型基站的占比
（来源：工业和信息化部）

那么，我们接下来会有多少个基站呢？笔者斗胆预测一下：未来 5 年后，我国移动通信基站数可能超过 1000 万个，主要原因包括：目前 4G 基站已有 544 万个，在未来 5 年中，4G 依然会作为主流的通信方式，暂时不会开启退网工作，因此 4G 基站数量不会减少；5G 商用加速，为了给千行百业赋能，其网络覆盖广度和深度需要得到保障，而 5G 的特性使其基站数量相对于 4G 只多不少，因此若在未来 5 年中 5G 发展达到预期，则需要建设数百万个 5G 基站，届时，4G 基站和 5G 基站总数可能超过 1000 万。

3.2.3 投资：关键时刻为经济增长带来贡献

2020 年年初，工业和信息化部发布《2019 年工业通信业发展情况》时提到，三家基础电信企业和中国铁塔共同完成固定资产投资超过 3600 亿元。其中，移动通信占整个投资的比重达 47.3%。可以看出，移动通信的投资对通信业的投资贡献较大。

三大运营商在每年的财报中会公开其资本开支的数据，虽然运营商的资本开支并不一定等于固定资产投资，但两者具有非常密切的关系。图 3-9 选取 2009—2019 年通信业固定资产投资和运营商资本开支的数据进行对比。

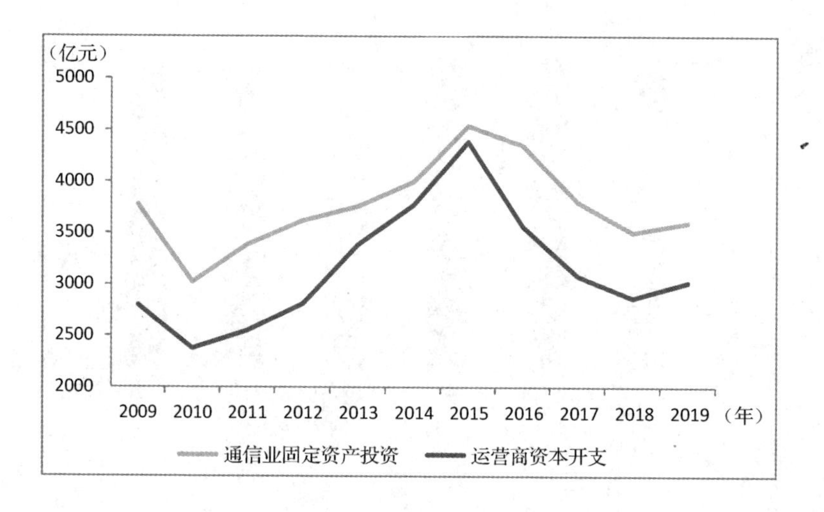

图 3-9 2009—2019 年通信业固定资产投资和运营商资本开支的数据对比

(来源：工业和信息化部)

从图 3-9 可以看出，整个通信行业固定资产投资和运营商的资本开支具有明显的相关性，运营商的资本开支也是更多地用于移动通信、宽带、传输、土建等基础设施。

投资的数据具有明显的周期性，这一周期性与移动通信代际牌照发布有直接关系。我们可以看出，过去 10 年中整个通信行业固定资产投资和运营商资本开支有 2 个高点，这 2 个高点分别对应 3G 牌照发放和 4G 牌照发放。尤其是 4G 牌照发放后，2015 年整个行业的投资达到历史最高点。

2019 年投资又呈现上升的趋势，这和 2019 年 5G 商用牌照发放直接相关，通信行业开始调高投资支出。参考 4G 投资在 2015 年达到高峰，在业界对于 5G 投资的节奏预测中，很多专家认为在 2020—2022 年会形成规模化投资。

移动通信基础设施的投资构成全社会固定资产投资的组成部分，对全社会固定资产投资也会形成不小的正向贡献。以 2015 年为例，当年通信业投资增速达到高点，对全社会资本形成总额增长的贡献率超过 21%。全社会资本形成总额正是属于 GDP 三驾马车之一的投资，从而通信业投资在一定程度上对 GDP 增长形成了正向作用。图 3-10 反映了 2010—2019 年我国移动通信投资的走势。

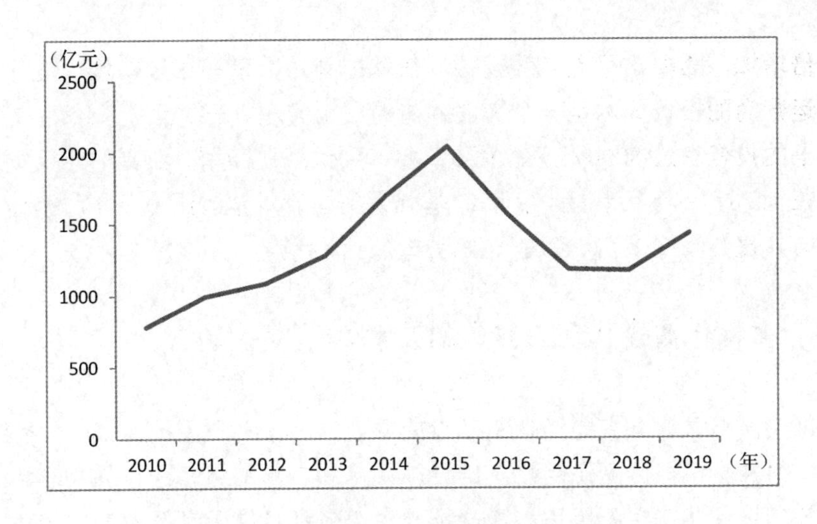

图 3-10　2010—2019 年我国移动通信投资走势

（来源：工业和信息化部）

由于移动通信的投资是通信业固定资产投资和运营商资本开支的核心部分，通过移动通信投资的趋势可以预测未来几年 5G 投资的趋势。从图 3-10 中明显可以看出 2019 年是上升的拐点。前文提到，三大运营商计划在 2020 年建设超过 60 万个 5G 基站，在此驱动下，预计 2020 年资本支出将进一步上升。

过去 10 年是中国 3G/4G 移动通信快速发展的时期，由此催生移动互联网产业的繁荣。未来 5～10 年，中国将形成最完善的 5G 移动通信基础设施，当国民经济各行各业基于 5G 的数字化转型开启后，5G 才算是发挥到了新型基础设施的作用。

3.3　共建共享成为 5G 新基建的主流趋势

与 4G 相比，5G 部署在更高频段，要实现预期效果，预计 5G 基站数量会成倍增加，需要购买更多的设备，在增加基站数量和尽量降低价格的预期下，运营商的投资成本是一个需要解决的突出问题。三大运营商在 4G 网络建设上的投资超过 8000 亿元，而 5G 要达到大规模商用，业界估计投资总额应该在 1.2 万～1.5 万亿元。在高额基础设施建设成本的压力下，已经提出十多年的共建共享终于在 5G 时代成为一个主流趋势。

3.3.1 多样化共建共享的方式和技术

蜂窝网络共建共享是通信基础设施共建共享最为典型的形式。一般来说，蜂窝网络共享可分为无源网络基础设施共享和有源网络基础设施共享。无源网络基础设施共享主要是铁塔和站址共享，包括各类无源器件如电力供应、机架、冷却设备等，有源网络基础设施共享包括无线接入网共享、无线接入网与核心网共享等运营商核心资产的共享。这些基础设施都是运营商巨额投资的主要来源，通过共享方式可以大大节约运营商的资本支出。

在过去几十年中，网络共建共享有不少成果，但大多集中在无源网络共享方面，最为典型的是全球多地专门铁塔公司的成立和运营，大大节约了运营商重复建设的成本。知名的铁塔调研机构 TowerXchange 的创始人曾指出：二十多年前，一批新生的电信铁塔公司创造出了一个价值 3000 亿美元的新基础设施资产类别。

全球专门的铁塔公司通常可分为两种类型：第一类是独立铁塔公司，比如 American Tower、Crown Castle、SBA 等，这些公司的创建可以追溯至 20 世纪 90 年代中期美国的私营铁塔建造商开始保留和收购资产之时；第二类是由运营商牵头成立的铁塔公司，这类铁塔公司一半以上的股份由母公司持有，典型的包括中国铁塔、Indus Towers、Bharti Infratel 等。

以中国铁塔为例，根据公开资料，自 2015 年全面运营以来到 2017 年年底，基础设施共享已经使中国的新建铁塔需求量减少了 56.8 万座，节省 1003 亿元人民币。

无源网络共建共享更多在于基础设施的建设，涉及的前沿技术不多。而有源网络共建共享除了涉及基础设施建设，还需要很多成熟技术才能实现。实际上，3GPP 早在 3G 标准制定时就考虑到了有源网络共享，到 5G 标准制定之初更是再次强调有源网络共享，明确要求终端、无线接入网和核心网侧都支持 5G 网络共享功能。

中兴通讯的专家肖迎曾在《5G 网络共享解决方案》一文中解读了 3GPP 推荐的网络共享方案，即 MOCN 和 GWCN 两种模式的共享网络架构。其中 MOCN（Multi-Operator Core Network）指一个无线接入网可以连接到多个运营商核心网节点，可以由多个运营商合作共建 RAN，也可以由其中一个运营商单独建设 RAN，而其他运营商租用该运营商的 RAN 网络；GWCN（Gateway Core Network）是指在共享无线接入网的基础上，再进行部分核心网共享。如图 3-11 所示，MOCN 共享网络架构下，根据载波是否共享又分为独立载波网络共享和共享载波网络共享，两种形式都在很大程度上节约了运营商无线接入网投入的资金。

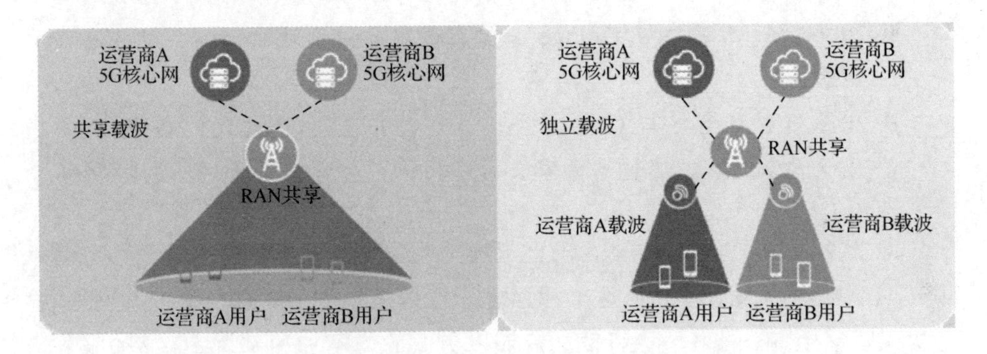

图 3-11　MOCN 网络共享方式

（来源：中兴通讯）

在技术和标准层面，有源网络共享、频谱共享等已经准备就绪，在商用进程中，有源网络共享似乎进展缓慢。但是，我们已经看到了全球运营商从无源网络共享向有源网络共享扩展的探索，很多运营商已经走出了第一步。

3.3.2 源于3G时代的共建共享在5G时代扩大规模

运营商之间的无线网络共享实践已有十多年的历史，从3G时代就已经开始，4G时代也在进行，但规模都不大，到5G时代有了扩大化的趋势。

1. 3G时代的共建共享延续到5G时代

欧洲运营商最早开展网络基础设施共建共享，由于欧洲人口红利有限，运营商数量众多，彼时3G网络刚刚开始部署，一些运营商面对高额投资，在部分地区选择合作共建共享网络基础设施，主要的共享案例包括：

- 2011年，挪威电信（Telenor）与和黄3两家运营商在瑞典提供一张共建共享的3G网络，当时两家运营商选择成立一家合资公司3GIS来运营这张共享网络，这个共享网络覆盖了瑞典70%的地区。
- 2004年，沃达丰和OPUTS在澳大利亚成立合资公司，共享3G接入网基站和其他基础设施，并联合建设部分基站。
- 2006年，沃达丰与Orange公司在西班牙偏远地区合作共建共享3G网络。
- 2016年，沃达丰与Orange公司计划合并它们在英国的3G网络，以减少运营成本，不过，两家公司还将保留对各自骨干网络的控制权。

源于3G时代的共建共享，一直延续至4G时代和当前的5G时代。2019年1月，欧洲两大运营商沃达丰和西班牙电信旗下的O2宣布将把其网络共享协议扩展至5G网络，这将使其能够以更低的成本加速部署5G移动服务，由此将加大对其竞争对手英国电信（BT）的挑战。除了欧洲运营商，亚洲运营商也将5G网络共享提上议事日程：

- 2018年12月，韩国三大运营商率先在全球同时实现5G商用，共建共享也给快速商用提供了重要基础。2018年4月，在韩国政府的协调下，韩国三大电信运营商达成了关于5G共建共享的协议，三家运营商将在5G建设上共建共享，加速5G部署，有效地利用资源来减少重复的投资，此后，三大运营商开始共同布局5G。

- 日本三大运营商 NTT DOCOMO、KDDI、软银也对共建共享的方案表示出极大兴趣，而且预计在共建共享之下，日本5G基础设施的投资会少于4G。

不过，虽然共建共享已有近20年的实践经验，但大多是在小范围中进行的，而且大多是无源共享，大规模、有源的共建共享很少。

2. 有源共建共享在欧洲已开启

2019年7月，沃达丰宣布在未来18个月中将对其在欧洲的优质铁塔资源进行整合变现，具体来说是将其在欧洲的铁塔资源拆分出来成立一家独立公司TowerCo，由专门团队来管理，计划在2020年5月成立，将成为欧洲最大的铁塔公司，此举可以看作是沃达丰在5G时代深入网络共享战略的重大举措。

作为全球网络覆盖范围最广的运营商，沃达丰成立独立铁塔公司，不仅仅是公司组织架构调整的动作，也不仅是铁塔共享的动作，这与其“无源+有源网络共享”的业务战略紧密相关。2019年起，沃达丰在意大利、西班牙和英国等国与当地多家运营商签署了有源和无源网络基础设施共享协议，而且还计划同欧洲大部分国家签署网络共享协议。例如，沃达丰此前与O2的合作中就有推动共享光纤传输网的动作。沃达丰希望通过此举可以低成本、大范围地在欧洲快速推出5G网络，并从中获益，且能进一步降低运营成本。

新的铁塔公司TowerCo将成为欧洲最大的铁塔公司，其拥有大约61700座铁塔，分布在欧洲10个国家，其中75%的铁塔站址位于德国、意大利、西班牙和英国等大型市场，这些优质资产预计每年可以带来17亿欧元的营收和9亿欧元的利润。

成立独立的铁塔公司，初期或许主要是将其自有的优质站址资源开放给其他运营商，但作为沃达丰无源+有源网络共享战略的组成部分，此举是深度网络共享的第一步，这些运营商之间更深层面的有源网络共享合作已经在实践中。所以说，这不仅是一个大型铁塔公司的成立，更是5G时代全面网络共享探索的开始。

虽然之前电信运营商大多选择通信铁塔等无源基础设施共享，但正如沃达丰一样，在5G时代运营商似乎开始对传输网、基站设备等有源基础设施共享产生了更大的兴趣。实际上，不仅是沃达丰，全球多个运营商都开启了有源网络共享的探索：

- 2018年12月，瑞典两大运营商Tele2和Telenor签署协议，将网络共享的范围扩大到5G中，此前两家运营商在2G和4G时代就已经开展了网络共享的合作。根据两家公司的协议，其网络共享将扩展至整个瑞典国土面积的50%，届时数千个新建基站将是共享基站，而且将在2020年提供5G入网。Tele2和Telenor开展网络共享的合作方式是在2009年成立合资公司Net4Mobility，基于这一合作，两家公司最先在瑞典建成第一张覆盖全国的4G网络，确立其竞争优势。
- 2019年7月初，日本运营KDDI与软银签署合作协议，双方可以互相使用对方的基站资产，在日本农村地区联合推出5G网络。当前日本社会存在一系列问题，如老龄化严重、劳动人口减少、基础设施老化、自然灾害频发等，促使日本采用新的管理方式，充分利用物联网、人工智能、大数据等技术，而5G网络也是达到管理目的的方式之一。为实现网络共享，KDDI和软银计划成立合资公司，目前双方已成立联合筹备办公室，先在北海道、千叶、广岛三个地方开展网络共享试点，验证共享5G网络的效果，进而将在更多农村地区推广。
- 2019年7月初，欧洲运营商Orange与比利时公司Proximus签署网络共享协议，这一合作涉及无线接入网的共享，也支持即将商用的5G网络共享，提升双方网络质量和室内覆盖。双方在无线接入网方面进行合作，但依然保持对各自的无线电频谱资源的控制，独立运营各自的核心网，保证给用户提供不同的服务体验。这一合作计划在2020年第一季度以成立合资公司的形式进行，Orange预计此举可以为其累计节约3亿欧元的建设和运营成本。
- 早在2016年年初，印度电信部就宣布，允许电信运营商共享天线、供电电缆、传输系统等有源电信基础设施，以降低成本，加快网络铺设。允许共享有源基础设施后，电信运营商可以开始制定频谱共享协议。频谱共享的法规是印度政府于2015年8月推出的，规定印度移动运营商可以通过签署频谱共享协议的方式共享同一通信服务区的频谱资源。

不过，从已经开展有源网络共享合作的运营商案例中，我们可以看出，目前海外运营商的有源网络共享依然处于初级阶段，可以说只是迈出了第一步。笔者认为，海外运营商的有源网络共享比较典型的特征包括以下几点。

首先，在所有的有源网络共享案例中，运营商之间依然保持对自有频谱资源的控制权，也就是说这种有源网络共享仅是基础设施方面的共享，没有与频谱共享结合起来，当然，有源基础设施+频谱共享的方式将面临更复杂的技术挑战。

其次，共享合作中各方运营商保持计费平台、鉴权系统、核心网等基础设施的独立性，更多在于无线侧的共享，若涉及核心网共享，则是一种更加深度的共享方式。

再次，运营商一般以成立合资公司的形式开展网络共享的合作，以保证双方投资和收益公平性。

3.3.3 国内共建共享也有不少准备

早在5G网络商用之前，国内监管机构和产业链各方对于共建共享就寄予很高的期望，在多个场合表示出对共建共享提前所做的准备。我们不妨回顾一下国内以往无线网络共建共享的历程。

2008年，工业和信息化部和国资委联合发布了《关于推进电信基础设施共建共享的紧急通知》，对今后电信基础设施（包括移动铁塔、杆路、传输线等）共建共享提出了明确的要求。此后不久，国内三家运营商联合签署了《电信基础设施共建共享合作框架协议》，随后三家运营商开启了共建共享的工作。

2010年的一份共建共享报告中曾披露出部分数据：2010年年初，三大运营商共减少新建铁塔4.7万个、杆路8.1万千米，减少基站站址及配套环境（含铁塔）等16.6万个、传输线路（含杆路）9.9万千米，预计节约投资将超过120亿元。这仅是运营商在一年多时间中部分共享的成果。随着铁塔公司的成立，此前基础设施共享的部分成果将体现在铁塔运营数据中。

共建共享的基础是有清晰的产权和较低的沟通成本。在过去的运营中，海外运营商往往通过成立合资公司的形式来协调不同运营商之间的利益，而国内更多是通过监管部门和运营商成立的协调组织来实现的。技术方面，共建共享中会产生不同制式网络规划差异、通信系统间干扰、铁塔承重等问题，2009年7月工业和信息化部发布了《电信基础设施共建共享工程技术暂行规定》，从技术角度对不同运营商之间无线网络共建共享具体实施提供依据，此标准的封面如图3-12所示。当然，时隔10余年，这一暂行规定可能已不适合当前4G、5G共建共享的实际情况。

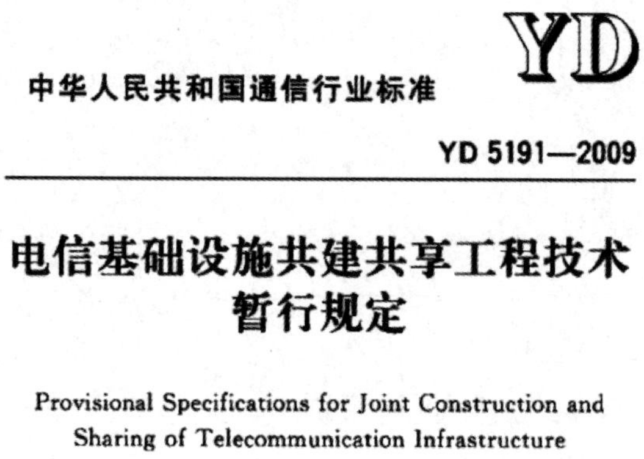

中华人民共和国通信行业标准

YD 5191—2009

电信基础设施共建共享工程技术
暂行规定

Provisional Specifications for Joint Construction and
Sharing of Telecommunication Infrastructure

图3-12　2009年发布的共建共享工程技术暂行规定
（来源：工业和信息化部）

除此之外，共享方对网络的维护、费用分摊等问题都在一定程度上暴露了出来，为共建共享实践积累了更多经验教训。过去10年的共建共享经验，也给未来5G的共建共享打下了一定的基础。

在网络共建共享方面，中国铁塔可以说是不遗余力。铁塔公司成立的一个主要使命就是减少重复建设，实现通信基础设施的共建共享。中国铁塔曾对外表示，5G网络建设将实现共享社会资源，85%的5G新增站址将会利用社会资源解决。在这几年的运营中，中国铁塔确实看到了共建共享的经济效益，此前，中国铁塔针对5G共建共享带来的直接效益发布过一些数据，其中包括：

- 预计5G建设中将会新增站址300万个，其中260万个站址将利用社会资源解决，另外40万个站址为新建站址。
- 可减少投资2500亿元，节省土地8万亩、水泥5000万吨、钢材1500万吨。

这2500亿元是真金白银的节省，当然铁塔公司的模式在全球很多国家都形成了成熟的商业模式，通过成立专门的铁塔公司已经实现了网络基础设施初步的共享。

自5G商用牌照发布以来，中国铁塔在共建共享方面推动力度很大。中国铁塔高管层指出，在5G建设中，能共享不新建，严控新建站比例，降低建设成本，超过97%的需求通过利用存量资源满足。

作为监管部门，工业和信息化部无线电管理局也希望共建共享能够推行。由于频谱资源的稀缺性，无线电管理局希望运营商之间的共建共享能够扩大到频谱领域。相关领导曾表示"5G时代，以及后5G时代，频谱将逐渐走向共享，移动通信过去是用频大户，以前是频谱独享，以后就要走向频率共享"。

3.4 中国运营商树立5G共建共享全球标杆

如果说海外运营商的有源共建共享还是小打小闹，处于初级阶段，那么中国运营商则已形成大规模、深层次的5G网络有源共建共享，成为全球移动通信史上前无古人的一大创举。这一创举，既包括室外网络的共建共享，也包括室内网络的共建共享，兼顾了网络覆盖的广度和深度。

3.4.1 中国电信和中国联通全国共建共享大幕已开启

在中国市场，5G大规模的共建共享已不再是纸上谈兵，随着中国联通和中国电信在2019年9月9日的一纸官方公告，传言许久的“中国联通和中国电信将共建共享5G网络”成为现实，中国联合与中国电信股份签署《5G网络共建共享框架合作协议书》。在5G建设的前夜，中国的两大运营商率先开启5G网络实质性的共建共享探索，确实给全球运营商树立起一个前所未有标杆。从双方合作协议书的几个关键词中，我们可以一窥这个重磅合作的重大意义。

1．关键词一：接入网共建共享

在中国电信和中国联通双方签署的合作协议书中明确提出：中国联通将与中国电信在全国范围内合作共建一张5G接入网络，核心网各自建设。

马克思在《资本论》中将从商品到货币的转换比喻成“惊险一跃”，那么共建接入网，也可以说是运营商之间开展实质性共建共享的“惊险一跃”。为什么这么说呢，虽然4G时代有过小范围接入网共享，但共建一张全国性接入网，这在中国通信史上是史无前例的，在大部分海外市场中也没有先例。因为接入网是基础电信运营商的核心资产，将自身核心资产拿出来共建共享，可以说运营商真正迈出了共建共享的第一步，共建共享壁垒已开始打破，假以时日，在合适的商业模式下，包括核心网等其他核心资产共建共享的实现也不是没有可能。

可以预计，接入网的共建共享，将直接给联通和电信带来网络投资的大幅节约。因为接入网投资是移动运营商投资的核心部分，占总体投资比例高达60%～70%，5G时代这一比例甚至可能高达80%。当两家运营商共建一张接入网，投资的节约是显而易见的。

正如前文所述，海外运营商虽然在共建共享方面运作得非常早，但大多仅是无源共享，有源共享只是起步，规模范围还非常小，主流大型运营商并未做到核心基础设施大规模共建共享落地。

虽然联通和电信只是共建共享一张接入网，但它比独立铁塔公司的无源共享已更进一步，绝对是可以载入通信业史册的重要一步，以联通和电信5G网络的规模，再加上未来两家运营商将面对的数十亿手机和物联网用户的规模，这将会为全球电信运营商有源共享提供一个范例。

2. 关键词二：频谱资源共享

中国联通和中国电信在合作协议中明确提出进行5G频率资源共享，中国联通在其官方公告中也指出："本公司认为，与中国电信进行5G网络共建共享合作，特别是双方连续的5G频率共享，有助于降低5G网络建设和运维成本，高效实现5G网络覆盖，快速形成5G服务能力，增强5G网络和服务的市场竞争力，提升网络效益和资产运营效率，达成双方的互利共赢。"可见，频谱资源共享足以成为双方共建共享的另一亮点，同时也是接入网共享的必要一步。

众所周知，工业和信息化部已向三大运营商颁发5G频谱，中国移动获得2.6GHz和4.9GHz两个频段共计300MHz频谱资源，而中国电信和中国联通分别获得3400～3500MHz和3500～3600MHz频段各100MHz频谱资源。从频谱分配来看，中国电信和中国联通两家频段相邻，双方共享的话意味着各自可使用的频谱资源将扩大一倍，对扩展频谱带宽并提高频谱效率的作用是不言而喻的。

频谱共享技术也是5G时代的关键技术之一，动态频谱共享、多运营商频谱共享等方面的技术已经出现。例如，3GPP引入了5G NR频谱共享研究，将频谱共享作为5G标准中的组成部分；我国的IMT-2020（5G）推进组也在进行频谱共享专题技术研究；华为、爱立信等通信设备厂商也推出了成熟的频谱共享方案。

然而，此前其他国家的频谱共享并未实现大规模的应用。本次中国联通和中国电信决定共享 5G 频谱，在很大程度上也是一次大规模频谱共享应用实验，将为业界带来又一个规模化示范。

3．关键词三：谁建设、谁投资、谁维护、谁承担网络运营成本

在双方的合作协议中，“谁建设、谁投资、谁维护、谁承担网络运营成本”这句话被专门提出，笔者认为这无疑是双方共建共享商业模式的基本原则。

业界不少专家认为，5G 网络的共建共享在技术上的难点并不大，难的是运营商如何协商出一个合理的共建共享商业模式。“谁建设、谁投资、谁维护、谁承担网络运营成本”这句话道出了两家运营商之间权责的划分，权责明确有利于利益的分配，从而促进商业模式的落地。

具体来说，双方划定区域，分区建设，各自负责在划定区域内的 5G 网络建设相关工作。在双方的合作协议中，已经对网络建设区域做了具体划分。

双方将在 15 个城市分区承建 5G 网络。以双方 4G 基站（含室分）总规模为主要参考，北京、天津、郑州、青岛、石家庄 5 个北方城市，中国联通与中国电信的建设区域比例为 6∶4；上海、重庆、广州、深圳、杭州、南京、苏州、长沙、武汉、成都 10 个南方城市，中国联通与中国电信建设区域的比例为 4∶6。中国联通将独立承建广东省的 9 个地市、浙江省的 5 个地市，以及前述地区之外的北方 8 省（河北、河南、黑龙江、吉林、辽宁、内蒙古、山东、山西）的 5G 网络；中国电信将独立承建广东省的 10 个地市、浙江省的 5 个地市，以及前述地区之外的南方 17 省的 5G 网络。

当然，覆盖中国 15 个城市、27 个省份的大规模的网络共享是一个前无古人的创举，投资运维方建成接入网后如何定价、如何向使用方收费确实没有先例。不过，明确各个地域的具体承建运维方，可以让成本核算变得清晰，在此基础上根据市场供求关系进行定价就具备了一定的基础。

从这个角度来看，中国联通和中国电信 5G 网络共建共享的实践，在很大程度上也给全球运营商大规模共建共享的商业模式树立了一个标杆。

4. 关键词四：同等服务水平

双方公告中提到：双方联合确保5G网络共建共享区域的网络规划、建设、维护及服务标准统一，保证同等服务水平。在笔者看来，同等服务水平既是双方进行网络共建共享必须达到的KPI，同时也意味着两家运营商在无线接入网侧为用户提供服务的同质化。

由于两家运营商共用一张接入网，接入网不可能具有差异化，差异化在于各自的核心网、业务支撑系统、市场开拓能力、产业生态能力等方面。中国联通和中国电信也提到“双方用户归属不变，品牌和业务运营保持独立”，那么两家运营商依然需要开展竞争，其竞争能力就来自接入网以外的元素，比如基于核心网的网络切片服务、物联网平台能力、对产业联盟成员的服务等。

不过，由于两家运营商共用一张接入网，大大降低了5G网络投资的成本，相对于中国移动需要自行投资5G网络来说，中国联通和中国电信或许具备了5G成本优势。此举是否会促进中国移动也主动开展网络共建共享呢？

当然，一项改革的推进不可避免地要打破原有利益格局。两家运营商的共建共享也带来一系列后续问题，不少业界人员分析，典型的一个问题是共享后两家公司原来做该项工作的人员的归属问题，比如中国联通承建北方8省接入网，那中国电信在这8省中的网络建设、运维人员及外包厂商将何去何从？同样，中国电信承建的南方17个省中，中国联通的网络建设、运维人员将何去何从？这只是其中一个最直接的问题，或许还会有很多新的问题浮出水面。

但不论怎么说，共建共享确实会带来明显的社会资源节约。根据中国联通公开数据，截至2020年6月底，中国联通和中国电信累计节省投资400亿元，并可以节省可观的铁塔使用费、网络维护和电费等运维成本。中国联通董事长王晓初曾公开表示，在5年的5G建设周期中，共建共享将为联通、电信各节省2000亿元的资本开支。

中国联通与中国电信开展的5G网络共建共享，是中国通信业史上首次开启大规模有源共享，对于全球通信业也具有明显的标杆作用，期待5G时代更多共享商业模式的到来。

不仅是中国联通和中国电信，其他两家运营商也开启了共建共享。2020年5月20日，中国移动和中国广电签订5G共建共享合作协议，共同打造"网络+内容"生态。该协议明确了双方按1∶1比例共同投资建设700MHz 5G无线网络，共同所有并有权使用700MHz 5G无线网络资产。预计到2021年，中国移动和中国广电共建共享5G网络将落地，届时5G网络将形成"2+2"的格局。

3.4.2 室内覆盖共享频谱，推动5G共建共享标杆完善

2020年2月初，工业和信息化部官方网站发布了《工业和信息化部许可中国电信、中国联通、中国广电共同使用5G系统室内频率》的公告，同意三家运营商在全国范围共同使用3300～3400MHz频段频率用于5G室内覆盖。业界认为，室内场景占据了5G大部分场景，本次频谱分配政策意义重大。在政策的驱动下，共建共享从室外走向室内，中国5G网络建设运营模式的探索首先迈出一步，在共建共享方面进一步为全球运营商树立标杆。

1. 频谱分配格局初定

本次工业和信息化部发布正式文件向三家运营商颁发共享频率，使国内四家获得5G商用牌照的运营商在中频段中的频谱分配格局进一步明确，明确的政策是放手发展商用的基础。

回顾一下国内运营商5G频谱分配格局。2018年12月，中国电信、中国移动、中国联通三大运营商获得全国范围5G频段试验频率使用许可。具体来看，中国电信获得3400～3500MHz共100MHz带宽的5G试验频率资源；中国移动获得2515～2675MHz、4800～4900MHz频段的5G试验频率资源；中国联通获得3500～3600MHz共100MHz带宽的5G试验频率资源。2020年1月3日，工业和信息化部宣布向中国广电颁发4.9GHz频段5G试验频率

使用许可，同意中国广电在北京等16个城市部署5G网络。

本次中国电信、中国联通、中国广电获得3300～3400MHz室内频段共享使用许可，这三家厂商已有明确的室内室外频段资源。本次分配中没有涉及中国移动，中国移动可能要自行进行5G室内覆盖。

实际上，早在2018年4月发布的新版《中华人民共和国无线电频率划分规定》中，这一频段的分配就已现端倪。这一文件给出了中国无线电频率划分脚注，其中涉及国际移动通信（IMT）系统的内容中包括：3300～3400MHz频段的移动业务确定用于国际移动通信（IMT）系统，原则上限于室内使用。本次3300～3400MHz频段的分配，正是呼应了国家无线电频谱划分规定的相关内容。

对于中国广电来说这或许是一个利好。此前，中国广电获得4.9GHz频段时，正值世界无线电通信大会（WRC-19）结束，4.9GHz频段用于5G移动通信系统获得全球多数国家支持，业界有不少声音认为中国广电在4.9GHz频段与中国移动的协同性很强，可以共同开展5G网络共建共享；如今，中国广电与中国联通、电信在室内覆盖上的共建共享又得到政策上的支持。借助共建共享的机会，中国广电不仅可以摆脱资金、经验的不足，而且已经形成700MHz＋4900MHz＋3400MHz独一无二的5G频谱资源储备。

2. 5G建设运营模式的先行者

工业和信息化部在公告也提到了本次给三家厂商发放5G室内覆盖频段的意义。总结下来，可以从以下两方面来分析这一政策。

首先，首次使移动通信共享频谱政策落地。

工业和信息化部在公告中也提到："将公众移动通信频率资源同时许可给多家企业共同使用在我国尚属首次，是工业和信息化部推动电信基础设施共建共享的创新举措。"

此前的频谱政策，基本都是给不同运营商颁发不同频段，若要进行频谱共享，则是运营商之间合作的事情。在过去多年中，虽然各类频谱共享技术不断成熟，但真正开启大规模频谱共享的运营商案例非常少。虽然说频谱共享是企业之间的市场化行为，但频谱资源的颁发是政府调控的，此次工业和信息化部直接从政策层面明确了频谱共享，让频谱共享直接落地。

其次，基础设施共建共享将成为5G商用的重要模式。

正如前文所述，2019年9月9日，随着中国联通和中国电信一纸公告的发布，5G网络大规模共建共享在国内成为现实，这是一件足以载入通信业发展史册的事件。本次工业和信息化部颁发室内覆盖的共享频谱，将进一步推动中国5G大规模共建共享的实现。

有了共享频谱的政策，在室内建设共享无线接入网络就成为现实。5G时代，室内覆盖变得更加复杂和高成本，多家共享建设接入网可以大大降低投资支出。随着5G建设的推进，届时将出现全国性共享室内和室外覆盖5G网络，也将是全球最大的5G共享网络。

5G商用背景下，共建共享虽然得到了全球大部分国家和地区的支持，但是能够如此大规模推动共建共享的目前只有中国。随着5G网络商用的深入推进，中国的运营商作为先行者，在5G室内覆盖共建共享方面将为全球树立一个标杆。

3. 85%应用为室内场景，有室内覆盖的5G才是完整的5G

华为和中国联通联合发布的《面向5G的室内覆盖数字化演进白皮书》提出，目前4G移动网络中超过70%的业务发生在室内场景。中国铁塔在一份公开演讲资料中提出，5G时代85%的应用发生在室内场景。从目前5G预期的各类场景中来看，偏室内的应用确实占据了很高的比例，5G室内覆盖重要性进一步提升。

与4G类似，体育场馆、商场、机场、火车站、地铁等场所依然是5G室内覆盖的重点场所，这些场所具有高密度连接、高频度通信的需求，运营商进行深度的室内覆盖才能满足消费级用户的体验。此前，4G为这些场所提供高带宽的覆盖，使这些场所中的人们高速上网成为可能，人们衣食住行用娱等各方面的移动互联网应用在很大程度上也受益于此。5G时代人们不再仅满足于在这些场所中的高速上网，终端设备的多元化、VR/AR设备使用增多等场景使网络的相关应用需要室内高带宽、低时延的网络支持。

当然，除了移动互联网应用，5G更多面对物联网、产业互联网场景，很多场景也更需要网络的深度可靠覆盖。

以工业互联网为例，5G赋能工业互联网中，有相当多的应用案例发生在工厂内，如工业自动化、超高清实时监控、机器视觉、AGV作业等核心业务首先都需要相关设备在室内联网，而且这些场景很多情况下都需要高可靠、低时延的网络能力，此时部署在工厂外部的宏基站无法为这些场景提供保障，一定要有完善的室内覆盖，相应的网络切片、MEC才能发挥作用；又如，在医疗领域中，5G赋能的大量场景都是在医院室内进行的，远程手术、远程会诊、机器人查房等场景，也都需要室内覆盖的保障。

与消费类场景不同的是，5G赋能各行业的物联网应用中，很多是为了保障各行业核心业务流程的开展，这些关键性业务中无线网络服务不能有任何闪失。在4G服务中，人们可以接受网络短时间的延迟甚至中断，但5G赋能的很多场景中，不能接受延迟和中断。远程手术、工业自动化等应用，若无线网络出问题则可能酿成人命关天的重大事故，业界提出了5G确定性网络的理念，就是要推进从4G网络的“尽力而为”向着5G网络的“万无一失”发展。因此，针对5G室内网络覆盖尤其是行业关键性应用的覆盖，具有很大的挑战。

5G室内覆盖的挑战巨大，除了要提供确定性保障，5G的一些天然特性也让其室内覆盖难度大于4G。例如，运营商获取的5G频段普遍高于4G，高频段的穿透能力更差，加上目前一些建筑墙体厚度的增加，给无线信号穿透性带来困扰。面对更高的挑战，一方面通过共建共享这种方式，多家运营商分摊室内覆盖的成本，并充分使用室内基础设施；另一方面，各类室内覆盖的技术手段不断进步，各厂商也在推出面向5G室内覆盖的数字化网络系统DIS（Digital Indoor System）、各类小基站产品等，增加5G室内覆盖的效率。

有室内覆盖的5G才是完整的5G，在工业和信息化部5G室内共享频谱政策的推动下，全球规模最大的共建共享5G室内覆盖网络将会覆盖85%的应用场景，与室外共享5G网络一起，引领全球通信基础设施共建共享模式。

3.5 谷歌基础设施最大“败局”带来的启示

前面所讨论的基础设施成本，更多聚焦于5G建设成本，作为5G核心投资主体的电信运营商，除了高昂的网络建设成本，运营成本更是其面临的巨大挑战。华为轮值董事长徐直军在一次公开演讲中表示：过去10年，移动运营商OPEX占收入比例从62%上升到75%，还在继续上升； 5G时代，能否有效遏制OPEX的持续增长成为商业成功的关键，需要把降低OPEX作为战略重心。

3.5.1 OPEX：体现资产管理运营商的实力

所谓OPEX（Operating Expense），即企业的运营支出成本，属于日常开支，在电信运营商中，OPEX包含基础设施维护费用+营销费用+人工成本+折旧。与OPEX对应的是CAPEX（Capital Expenditure），即资本性支出，包含战略性投资+滚动性投资，运营商对于网络基础设施的直接投资就属于这一领域。

不论是5G还是此前的2G/3G/4G，在网络建设部署时都要进行CAPEX支出，这部分成本可以说是一次性的且相对固定的，而网络部署完成之后需要进行OPEX支出，包括定期的网络优化维护、基站电费、人工成本等是每天都要花费的成本，是随着业务数量和时间进行变化的变动成本。对于相对变动的OPEX的管理，是电信运营商的日常重要工作。

实际上，不仅是电信运营商，任何涉及资产管理的运营商面临的最大挑战都是如何做好 OPEX 管理工作，同时对 OPEX 的把控也是体现这些运营商实力的重要标志。资产的运营和我们的生活密切相关，包括日常接触的自来水、燃气等公用事业，公交、地铁等公共交通，以及今天看到的各类共享经济形态，各类运营公司最终成功与否更多是由 OPEX 决定的。

以前两年热门的共享单车为例，这一事物刚出现时，就有很多人“天真”地计算过：每辆车的成本是多少，每天骑行几次，多少个月就能收回成本，最后都是收入。这是一种典型的只考虑 CAPEX 而没有考虑 OPEX 的计算方法。目前的结果也是显而易见的，在当前不再新增车辆，即 CAPEX 不再增加的情况下，共享单车的运营每天仍然像个无底洞一样持续亏损，可以看出对 OPEX 的把控才是关键。

3.5.2 谷歌光纤：颠覆者的“败局”，对 5G 和物联网 OPEX 的警钟

在涉及大量基础设施的运营中，OPEX 管理体现了各种运营商的实力，这对于每个行业来说都是一个高度专业化的工作，所以很难出现所谓的“颠覆者”。

2019 年，沉寂了很久的谷歌光纤（Google Fiber）业务再次成为海外科技媒体关注的热点，这次是因为谷歌宣布其光纤业务将从其布局的主要城市路易斯维尔退出。这一消息让人们看到谷歌光纤项目向着失败和完全退出越走越近。谷歌光纤源于近 10 年前的一个实验项目，谷歌在 2012 年决定正式商用，开始的几年风光无限，一副颠覆者的姿态，但随后就是诸多不顺利，多任高管离职、裁员、寻求出售、改用无线基站、在多个城市退出……。

根据谷歌的财务数据，谷歌光纤所在的“Other Bets”部门 2018 年亏损 34 亿美元，这些亏损主要是谷歌光纤造成的，而这一亏损状态已很难得到扭转。在很多人看来，谷歌光纤是谷歌“最大的败笔”。

当然，谷歌光纤项目在一开始以颠覆者的姿态出现也有一定的道理，因为其成功地挑起了“千兆带宽”的战争并推动光纤在美国的发展。在谷歌进入宽带市场前，传统的运营商并没有部署高速光纤的积极性，而在谷歌光纤项目的刺激下，AT&T、康卡斯特等运营商加快了对光纤的投资，美国互联网和电视协会的数据显示，1Gbps 的网络目前在美国普及率达到 80%。

不过，同样是提供千兆光纤服务，传统的运营商 AT&T、康卡斯特等厂商并未在这场战斗中亏损，可以看出传统运营商在这方面经验丰富。面对差不多的 CAPEX，不同厂商的 OPEX 对亏损情况就起到了决定性作用。早在 2016 年年底，美国一位科技媒体的分析师就对谷歌光纤的失败分析了 5 个方面的原因，包括市场营销、价格制定、合作伙伴选择、竞争对手、服务，这些原因在很大程度上都与 OPEX 有密切的关系。

谷歌光纤高昂的 OPEX 并没有带来更好的用户体验，举例来说，此前美国堪萨斯州的一场暴雪，让谷歌光纤受到了严重的影响，一些地区的用户断网超过两周。在当今的信息社会，断网两周时间对人们来说无疑是一种忍无可忍的“与世隔绝”状态。谷歌光纤 OPEX 和收入之间的差距不断拉大，造成盈利无望。

OPEX 是“重资产”模式运营的关键，一个光纤业务近 10 年的运营让谷歌越陷越深，那些“破坏性创造者”想以颠覆者姿态进入 5G 运营的难度就更大了。目前，虽然已有一些互联网公司和 IT 厂商推动的开源“白盒”设备用于 5G 网络建设中，可能有效地降低 CAPEX，但 OPEX 降低还需要更多的手段来实现，这或许是一条漫长的道路。

3.5.3 多手段综合应用降低 5G OPEX

5G 做到广度和深度覆盖，需要更密集的基站，而 5G 单基站成本也高于 4G，导致其 CAPEX 居高不下，这是相对刚性的成本，华为轮值董事长徐直军提到：过去 10 年 CAPEX 收入比从 17%下降到 12%，但随着技术越来越复杂，CAPEX占比很难进一步下降。在5G商用前，运营商需要规划多种综合性的方式降低OPEX的增长速度。

网络一旦建成，OPEX就像吸血鬼一样每天都要耗费大量成本。举例来说，在过去两年，运营商已进行了大规模NB-IoT网络的建设，但在落地项目时用户最大的抱怨依然是网络覆盖不足。很多场所并非没有基站建设，有可能是运营商将基站关闭，因为当该基站所在区域终端很少时，一旦开通基站，OPEX占收入的比例会非常高甚至会超过收入。

基础设施运营需要事无巨细，OPEX包括了很多项目。过去三年，全球物理站点数从400万个增加到600万个，逻辑站点数从780万个扩张到1500万个，频谱从主力的3个频段增加到10个频段以上，随着网络规模的增大，将带来更多的OPEX支出，包括站点租金、电费、运维费用等。以电费为例，目前各运营商每年基础设施缴纳的电费就高达数百亿，5G的复杂性让这部分OPEX也大幅增加。此前有自媒体在一篇推文《5G是电老虎？运营商在5G时代可能沦落至给电力公司打工！》中提到：5G要消耗数倍于4G的电力，这些都是5G基础设施“嗜血”的特性。

当然，运营商也在不遗余力地推动平均OPEX的下降，例如，根据中国移动财报数据，2017年年底和2018年中期，其平均基站维护费分别下降了14.2%和15.4%，平均基站水电取暖费分别下降了6.6%和7.5%。然而，在电信业增量不增收的大背景下，平均基站的OPEX下降并不能带来整体OPEX的持续下降。以基站为例，知名市场研究机构Analysys Mason在对全球50多家运营商调研后发现，每一代移动通信网络的商用都会带来平均基站OPEX的下降，但下降的速度越来越慢，而每一代移动通信网络的商用都会带来基站数量的增加，且增加的速度越来越快，所以与基站相关的OPEX总额也会大幅上升，相应关系如图3-13所示。

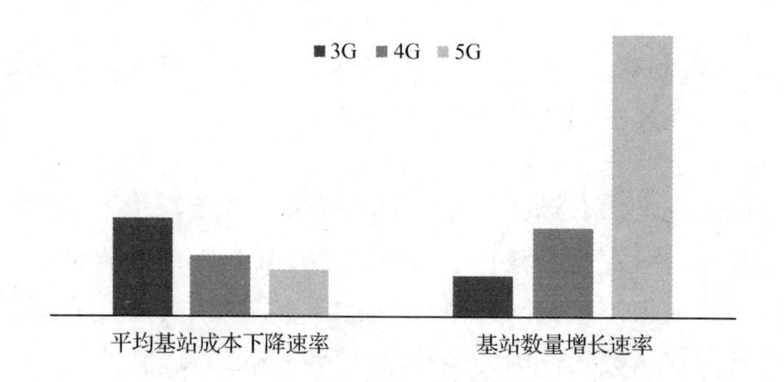

图 3-13 平均基站成本下降速率和基站数量增长速率对比
（来源：Analysys Mason）

因此，最终带来的结果是，运营商在每一代移动通信网络部署时都设定了降低 OPEX 的目标，但每次都达不到目标。如图 3-14 所示，3G 时代运营商 5 年后实际 OPEX 实现一定幅度的下降，但低于其设定的 5 年下降目标；4G 时代 OPEX 不降反增，与预期的 5 年目标差距进一步拉大；5G 时代运营商期望 OPEX 更大幅度的下降，但从目前情况来看似乎又要失望了。

图 3-14 OPEX 下降的预期和实际值比较
（来源：Analysys Mason）

对于一些运营商来说，它们将降低 5G OPEX 的希望寄托在网络功能虚拟化、人工智能和软件定义网络等新技术上，然而 5G 即将迎来商用，这些新技术不一定具备大规模商用的条件，不会马上带来运营支出的节约。当前运营商需要实施多元化的战术来降低 OPEX，例如，增加网络和频谱的共享已经证明可为运营商带来 OPEX 的节约，在 5G 时代可以进一步采用，因此就有前面章节所提到的 5G 网络共建共享成为趋势。

在 Analysys Mason 看来，多元化的战术会在不同时期带来 OPEX 不同程度的节约。运营商在 5G 网络部署初期就提前考虑了网络功能虚拟化和软件定义网络，但只有在网络切片等技术成功商用并大范围提供服务时才会发挥作用；AI 应该部署在运营的各个环节；共享则是能快速带来 OPEX 绝对数量下降的最有效方式，也是对 OPEX 下降贡献最大的方式。如图 3-15 所示，最终在以上三类方式的共同作用下，预计会在 5 年内驱动运营商 5G OPEX 下降 33%。

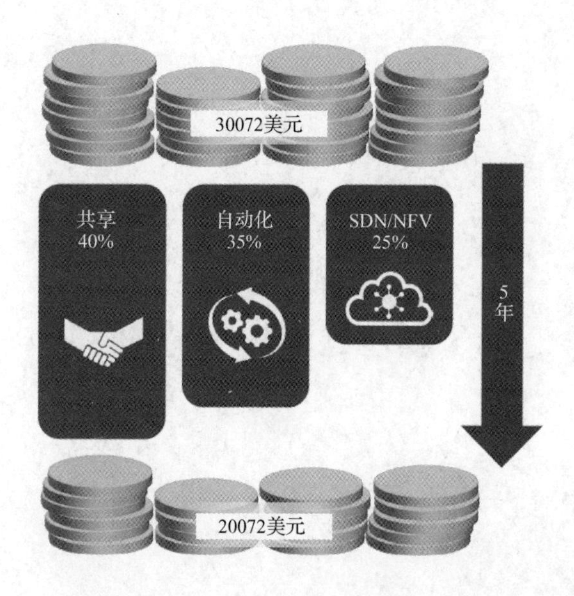

图 3-15　三类方式驱动 OPEX 下降

（来源：Analysys Mason）

未来 5G 面向更多的物联网场景，各种碎片化和复杂性让网络维护优化、营销成本大幅上升，OPEX 的节约可能体现在运营的方方面面。虽然通信行业之外的厂商很难成为 5G 运营商，但这些厂商的很多创新性做法值得在 5G OPEX 管理中借鉴，可以将一些“颠覆式”的方法应用到 5G OPEX 管理中。

| 第 4 章 |

共性技术，
5G 新基建落地实施的保障

5G 的问世带来的不仅是新的技术和业务，还有其更强的包容性，从技术标准就考虑到与其他通信网络和其他领域技术的融合，充分吸收其他技术的长处，并保障全球统一的标准，避免出现分化。

4.1 多种接入技术取长补短

5G 并非无所不能，各类成熟的无线通信网络既然已经存在很长时间，并且形成了广泛的产业生态，一定是在部分场景下具有自身优势，多种接入网络能够充分融合，形成优势互补，在很大程度上可以低成本地为用户带来更好的体验。在 4G 依然占据蜂窝网络主流、WiFi 技术持续更新换代的背景下，5G 商用中如何做好不同无线接入技术的融合值得关注。

4.1.1 热点高容量场景，尽一切可能提升用户体验

众所周知，国际电信联盟（ITU）对 5G 定义了三大应用场景。我国的 IMT2020（5G）推进组发布的《5G 概念白皮书》，根据具体应用情况，将 ITU 定位的增强移动宽带（eMBB）场景拆分成了连续广覆盖和热点高容量两个场景，因为两者确实可以通过不同的 KPI 来实现。除此之外，还有低功耗大连接（mMTC）和低时延高可靠（uRLLC）两个场景，图 4-1 是该白皮书给出了 5G 各类场景下的 KPI 指标。

可以看出，热点高容量是一个具有极大挑战性的场景，因为这一场景基本在固定的场所，而单位面积中连接的设备数量又大大超出其他场景，同时还要达到 1Gbps 以上的体验速率，可以说是一种比较苛刻的要求。热点高容量一般出现在密集的办公楼、住宅，以及会有突发大流量的体育场、演唱会现场、商场、机场、火车站等场所，其场所特点决定了需要各类技术来满足热点高容量的需求。

场景	关键挑战
连续广域覆盖	•100Mbps用户体验速率
热点高容量	•用户体验速率：1Gbps •峰值速率：数十Gbps •流量密度：数十Tbps/km^2
低功耗大连接	•连接数密度：10^6/km^2 •超低功耗，超低成本
延时延高可靠	•空口时延：1ms •端到端时延：ms量级 •可靠性：接近100%

图4-1 5G各类场景下的KPI指标

（来源：《5G概念白皮书》）

一方面，办公场所、住宅虽然可能用户比较密集，但基本具有相对固定的容量，网络服务商可以进行业务模型设计来支持其容量需求，但在体育场、演唱会、商场等场所，人员和设备数量可能会突然爆发式增长，所有设备都有联网需求，而且对网速和容量需求都非常大，此时会对网络形成巨大的压力。比如，一个体育场馆没有比赛时网络处于空闲状态，但在重大赛事时会在短时间内聚集上万甚至数万观众，每位观众都有至少一台联网智能设备，即使是基本的通信需求也需要较大的容量。

另一方面，新的终端设备和技术手段的出现，对流量消耗迅速增加，VR观赛、高清直播等新的形式，无不需要网络的弹性化很大，且具备快速扩容能力。比如，一场足球赛可能需要多视角交互式直播，观众也可以通过VR设备身临其境地体验进球，在这种情况下体育场就不仅仅需要保障观众基本的通信需求，还要保障这些更高体验的通信需求。

在以往的操作中，网络服务商会在这些场所专门做通信保障，比如增派应急通信车、增加临时基站等，在5G网络部署中，对于热点地区可能会采用更高的毫米波频段增加容量、波束赋形技术提升系统性能等操作。不过，一些热点高容量的场所本身已有LTE、WLAN等其他无线通信网络的部署，若能借助其他网络共同承担流量的增长，则很明显能够减轻5G网络的压力和投资，如采用流量卸载技术。

4.1.2　多无线接入的融合，5G 在包容中提升用户体验

热点高容量作为 5G 时代一个典型的应用场景，对多无线接入网融合的需求比较明显。5G 时代多网络融合是业界持续探索并最终推向商用的一个方向，5G 业务和运营特点产生了多网络融合的需求。

在业务特征方面，5G 面临着更多样化的业务和场景需求、更高的用户体验要求和更低的时延能耗要求，5G 也需要借助“外力”来共同满足这些需求；在网络运营方面，由于 5G 时代不同网络共存是事实，若不实现多网络融合，则不同网络间将无法灵活调度，会造成资源浪费，不同网络间互操作性复杂而且需要独立维护，运维成本较高。

中国电信技术创新中心曾对 5G 时代多网络融合的业务和运营需求进行总结，不同的用户体验和网络运营的需求对多种接入技术融合提出的要求如图 4-2 所示。

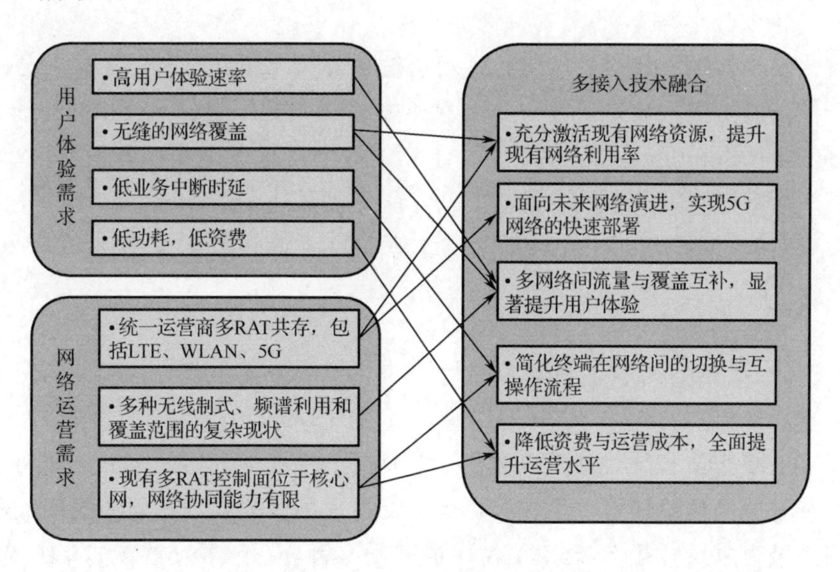

图 4-2　多种接入技术融合要求

（来源：中国电信）

其实，早在4G时代，业界就已经对LTE和WLAN的融合做了大量标准化和商用工作。3GPP在R12阶段就开始立项，研究LTE与WLAN在无线接入网侧的协作，在此后的R13、R14阶段，推进LTE与WLAN融合的增强技术标准。

早在2015年，IMT2020（5G）推进组发布的《5G概念白皮书》中就指出：无线局域网（WLAN）已成为移动通信的重要补充，主要在热点地区提供数据分流。下一代WLAN标准（802.11ax）制定工作已经于2014年年初启动，2019年完成。面向2020年及未来，下一代WLAN将与5G深度融合，共同为用户提供服务。这一期望是基于业界的共识做出的。

3GPP在5G相关技术规范中，提出了5G网络的开放性，开放性一方面表现在对原来4G网络的开放和兼容，另一方面表现在对非3GPP标准的网络也可以接入，包括WLAN。目前，802.11ax标准已经发布，并有了新的名称WiFi 6，充分采用MU-MIMO、OFDMA等移动通信网络的成熟技术，在速率、容量、功耗等各方面可以提供更好的性能，能够作为5G多无线技术融合的对象。

此前，韩国电信KT与比利时网络技术公司Tessares联合宣布，已完成新一代多连接接入流量切换与分流管理技术（ATSSS，Access Traffic Steering，Switch and Splitting）标准化工作，并成功进行了该技术全球首次应用在5G商用网络中的测试。该技术是KT与苹果、德国电信、Orange、思科等公司合作研发的，可应用于LTE、WiFi、5G等多种网络的融合，该技术符合3GPP R16规范。

诸如ATSSS一类的技术，可以在5G网络中不降低用户体验的情况下，充分盘活现存的LTE和WiFi网络等存量资产，充分体现了5G的包容性并降低了5G投资成本。ATSSS已成为3GPP统一标准中的组成部分，但为了提供一个无缝的体验环境，虽然有标准的支持，但是要实现不同无线接入网络之间的融合复杂性很高，5G商用中的多网络融合还需要产业链的持续支持。

4.2 流量卸载保障 5G 网络容量

在 5G 的热点高容量应用场景中，主要挑战包括 1Gbps 用户体验速率、数十 Gbps 峰值速率和数十 Tbps/km^2 的流量密度。虽然 5G 通过各类技术保障这一 KPI 的达成，但在实际使用中，短时间内突发的爆炸式流量可能会超出预期。超高的容量需求给产业链提出了很大的挑战，“流量卸载”或许是一种通过低成本提升网络容量的有效方式。

4.2.1 通过流量卸载来提升用户体验

在 5G 商用初期，为了快速形成示范作用，各类大型公共活动如体育赛事、演唱会的高清视频直播、VR 体验等成为商用演示的最好试验场。这些场所在短时间内会对无线网络形成极大压力，需要通过各种手段来分流。类似的情况还有商场、机场等场所也有可能在一定时段出现用户量暴增，当用户发现虽然手机信号满格但网速超慢时，说明蜂窝网络容量已达到极限，此时用户体验就会大打折扣。

根据华为的统计数据，20%的热点区域站点承载了 80%的整网流量，热点区域站点的业务速率是普通站点的 6.5 倍。而在未来 5G 时代，这些热点地区的移动终端要保持 1Gbps 的体验速率，热点地区的容量要求更高，普通百姓听到的 5G 所宣传的“1Gbps 带宽”的说法就不一定能体验到。

5G 标准中已有针对热点高容量的技术。在此之前当某个地区的连接需求超出预期时，最常见的处理方式不外乎通过建设更加密集的基站来增加容量承载能力，不过这种简单粗暴的解决方式建设周期比较长，而且 5G 基站建设成本也居高不下，部署更多基站是否具有经济性也是个要考虑的问题。近年来业界在研究移动数据“流量卸载”的技术，或许可以成为 5G 时代解决热点高容量场景中痛点的低成本、有效方式。

举例来说，在体育场馆通过5G基站的部署来增加容量必要性不是很大，一方面为了满足超出的接入需求而部署密集的基站可能使边际收益小于边际成本，另一方面一些区域只是部分时段形成高容量接入需求，其他时段相对空闲，因此并不具有经济性。此时可以考虑充分利用已有的或低成本的基础设施作为蜂窝网络流量卸载的载体，企业或商业 WiFi 可能成为其中一个较好的方式。

在日常工作生活中，很多人会在办公室和家里等有 WiFi 信号的场所使用 WiFi，而不使用蜂窝网络流量，在一定程度上，WiFi 给蜂窝网络起到分流作用。不过，这只是用户自发的行为，可以说是一种被动的行为，并非是运营商主动提供自动切换及分流服务来提升用户体验的。运营商主动做的流量卸载工作，需要根据无线网络环境、连接设备数量和设备下载速率等指标，在用户无感知的情况下，实现不同接入方式无缝切换，给用户不变的网络速率体验，而不是用户手动选择网络切换。在这些要求下，未来5G商用后，WiFi要想成为5G的流量卸载备选方案，需要在技术和商业方面具备一定的基础。

4.2.2 技术基础：无缝融合、无差异体验和终端支持

作为蜂窝网络流量卸载的重要备选方式，业界多年来一直在研究 WiFi 分流蜂窝网络的技术和可行性。对于5G网络的流量卸载来说，未来WiFi需要做到与蜂窝网络无缝融合、与蜂窝网络无差异体验，以及终端支持相应的接入方式。

1. 蜂窝网络和WiFi无缝融合得到标准和产业支持

过去几年中，基于 WiFi 的移动数据流量卸载研究和实践比较多。IEEE-ACM TRANSACTIONS ON NETWORKING 曾在2013年刊登《移动数据流量卸载：WiFi可以承载多少》一文，文中对利用WiFi网络的移动数据卸载方案研究结果表明，在没有引入任何延迟的情况下，大约 65%的移

动数据可被卸载，而且由于WiFi网络缩短了传输时间，从而节省了55%的电能。

在5G标准制定中，3GPP已经推出了相应规范来促进非3GPP接入技术和3GPP接入技术的融合。在已经完成的3GPP R15规范中，5G核心网支持通过3GPP接入网接入，也支持通过非3GPP的网络接入（如WiFi），非3GPP网络通过N3IWF（Non-3GPP InterWorking Function）接入5G网络。在2020年完成的R16中，会进一步增强WiFi与5G融合的功能，包括可信WiFi支持、流量操作、切换等。

2019年年初，下一代移动通信网络联盟（NGMN）和无线宽带联盟（WBA）发布的《无线接入网融合报告》中指出，两大国际组织将合作推出5G和WiFi融合白皮书，推动两种无线接入网的协作进程。

除了研究机构和标准化组织，厂商对5G和WiFi无缝融合也做了很多工作。例如，2018年年底华为荣耀新发布的机型使用了LinkTurbo全网聚合技术，可以实现蜂窝网络和WiFi网络两条链路同时收发数据和智慧无缝切换，对于未来5G流量卸载可以提供关键技术支持。

2．WiFi与5G网络无差异体验技术已具备

5G的覆盖出现缺口或者过载时需要WiFi来卸载流量，对于用户来说两种承载方式达到无差异的体验非常重要。若WiFi卸载流量后，达不到5G的体验速率、容量和业务连续性，用户体验可能会大打折扣。随着WiFi相应的标准技术的发展，一些技术可保证WiFi能够提供蜂窝网络类似的体验，WiFi 6和Passpoint是其中重要的技术积累。

首先，WiFi热点之间做到无缝切换是保证业务连续性的核心。众所周知，WiFi设备在不同热点之间切换时需要重新连接、认证、输入密码，这一过程无法保证其卸载蜂窝流量后直接达到蜂窝网络体验。2012年，WiFi联盟在无线宽带联盟（WBA）的支持下，推出Passpoint技术，该技术可以简化WiFi网络接入，用户无须每次连接网络时都重新查找和验证网络，Passpoint能够

自动完成这一过程，使热点网络和移动设备无缝连接，同时还能提供最高级别的 WPA2 安全性，保证为用户提供近似于蜂窝网络的体验。

其次，卸载 5G 流量的接入方式也需要为用户提供类似于 5G 的带宽、时延、容量的支撑。新版 WiFi 6 标准发布，与 5G 增强移动宽带（eMBB）场景形成明显对标，在其覆盖范围内能够提供与 5G eMBB 类似的体验。例如，WiFi 6 引入了蜂窝网络的 OFDMA 技术，提升了速率、降低了时延；采用类似于蜂窝物联网的技术，通过提升功率频谱密度来提升覆盖能力；具备了最大理论速率 9.6Gbps，在密集用户环境中将用户的平均吞吐量提高至少 4 倍。WiFi 6 在卸载 5G 流量后可以提供与 5G 类似的体验。

3．终端设备的支持

早在 2019 年年初举行的 MWC 中，5G 新设备的发布就成为最大的亮点。由于 WiFi 已经成为大部分智能终端的标配，高通、联发科等芯片厂商已开始推出支持 WiFi 6 的芯片，随着 5G 标准和 WiFi 6 的标准的完善，同时支持 5G 和 WiFi 6 的终端将会快速普及。而 Passpoint 也有了广泛的支持，当前大量 iOS 和 Android 手机都支持 Passpoint，更多城市的 WiFi 计划将带有 WiFi CERTIFIED Passpoint®认证，因此未来通过 WiFi 在 5G 热点高容量场景下卸载流量成为可能。

4.2.3 商业基础：商业 WiFi 运营商的新机遇

通过 WiFi 对蜂窝网络进行分流的商业实践也在一直进行着。2008 年 3G 牌照发放后，中国移动在商用中的一个重要做法是通过建设 WLAN 热点来弥补 3G 网络的短板，由于 TD-SCDMA 在技术、产业链、成本等方面的劣势，中国移动用 WiFi 来给体验不佳的 3G 网络分流，在短短几年内催生出来一个电信级 WLAN 的独特产业链。中国移动 2013 年上半年财报数据显示，在这一期间中国移动无线上网业务流量同比增长 129%，其中 WLAN 吸收的流量约占全部流量的四分之三，有效发挥了低成本流量承载的优势。不过，彼时还没有 3GPP 标准与 WiFi 融合的规范，Passpoint 也不具备商用基础，无法提供无缝切换的体验。

随着技术的进步，流量卸载也开始能够提供无缝切换的体验。2019年，美国电信运营商AT&T与美国知名的商业WiFi运营商Boingo签署协议，进一步扩展流量卸载业务的合作，这一合作被认为是在为5G热点高容量场景商用做好准备。双方合作的场所主要在大型机场、军事基地等有Boingo Passpoint认证网络的场所，使AT&T的设备可以无缝地在其蜂窝网络与Boingo商业WiFi之间安全漫游，用户无须手动切换，且无须支付额外费用。AT&T认为到2022年由于4K视频、无人机、自动驾驶汽车、VR/AR等设备的驱动，75%的流量将来自视频类应用，因此与商业WiFi厂商合作，提前布局流量卸载业务很有必要。而其他运营商如Verizon、T-Mobile也有此类合作意向。

过去十多年中，各个城市人流量集中的主要场所大都有WiFi部署，如运动场、商场、机场、高铁站、酒店、景区等，有专门的商业WiFi运营商对此进行部署和运营。可以看出，5G时代"流量卸载"或许给商业WiFi运营商带来一个参与5G建设和运营的新机遇，为其拓展创新业务提供了一个切入点。

正如美国Boingo一样，国内已有迈外迪、百米生活等多家商业WiFi运营商。这些运营商为主要商业场所提供WiFi网络连接，以及各类衍生营销、数据分析业务，经过多年的努力，国内主要城市的商业场所已实现大范围WiFi覆盖。不过，由于国家"提速降费"的推行，电信运营商4G资费大幅下调，给商业WiFi运营商造成了一定压力。

在笔者看来，在基于5G eMBB的大量场景中，电信运营商与商业WiFi运营商有很大的合作空间，其中重要的一点就是流量卸载的合作。商业WiFi运营商需要将其基础设施进行升级，包括未来部署支持WiFi 6的AP、Passpoint等。正如美国运营商与Boingo合作的模式，商业WiFi运营商将其已部署WiFi热点且人员密集的场所对电信运营商开放，提供5G热点高容量的流量卸载支持，双方可以通过一定的方式进行计费、分成。当商业WiFi成为5G热点高容量地区流量卸载的重要载体时，一方面将盘活已有的网络基础设施，另一方面还能开辟新的收入渠道，而且商业WiFi运营商也有机会参与到 5G 的建设运营中，探索在 5G 发展中的商业机会。

正如本章开头所强调的，5G 不仅在于其技术的复杂性，更在于其具有更强的包容性。考虑到 5G 商用中高额的投资，若能够充分利用、盘活各类已有的基础设施，并达到 5G 商用 KPI 的效果，确实可以为业界节约大量的投资，对采用 WiFi 的流量卸载业务的探索具有重大意义。

4.3 微波技术支持的无线回传形成成本节约

2019 年年初，华为创始人任正非在接受央视专访时提出："全世界能做 5G 的厂家很少，华为做得最好；全世界能做微波的厂家也不多，华为做到最先进。将来华为 5G 基站和微波是融为一体的，基站不需要光纤就可以用微波超宽带回传。"从任正非的这一番话中，可以看出以微波为代表的无线回传将成为 5G 回传的主要方式之一，这也是加速 5G 基础设施落地的重要技术。

4.3.1 梦中梦：用无线回传无线

5G 作为新的无线通信技术，可以实现手机和基站之间更高速率的传输，不过同样重要的是连接无线基站的那张网络，即回传网，因为在手机连接基站后若没有回传网络我们是无法最终实现通信的。一般来说，每一个无线基站收集自身覆盖范围内的终端数据后，通过光纤将这些数据回传至交换中心，并按照指令路由传至目的地。

当铁塔上的基站无须光纤连接，而是通过无线方式将其数据流量传输至交换中心时，无线回传将发挥作用。在知名科技媒体 Light Reading 的编辑主任 Mike Dano 看来，终端至基站之间的接入网采用无线方式，基站至交换中心的回传网也采用无线方式，就类似于电影《盗梦空间》中的“梦中梦”一样，用无线回传无线信号，而此前提出的将交换中心部署于卫星和热气球上，这种方式还需一重无线回传，形成“多重梦境”的状况。

Light Reading 曾就“5G 面临的最大挑战”向大量专业读者进行过调研，其中超过 30%的人认为回传是 5G 面临的最大挑战。这个结果其实不足为奇，因为回传涉及所有其他的 5G 挑战，从安全性到向后兼容性，从适应未来发展到满足性能目标。如果回传网络无法支持海量的数据，5G 就不会带来那么多令人瞩目的使用案例。

虽然在 3G 和 4G 时代已有无线回传的实践，但 5G 的复杂性使得无线回传更为困难。5G 除了支持增强移动宽带（eMBB），还需要支持海量物联网，以及满足低时延高可靠要求。并且，5G 还需要跨越大量不同的频段，包括速度快但传播性较差的毫米微波频段，以及 6GHz 以下频段。

正如任正非所说的，5G 基站和微波是融为一体的，通过微波技术可使 5G 无线回传成为可能。当前，很多厂商也在构建更加密集的无线网络，并增加额外的回传链路使无线数据包传输得更加有效率，以此来应对新的复杂的 5G 回传环境。

4.3.2 对 5G 无线回传占有率的积极预期

对于无线回传，各方研究机构给出了较为乐观的预期。

2017 年，第三方市场研究机构 Sky Light Research 发布了《5G 回传，微波超越预期》一文，文中指出目前全球有 50%～60%的移动基站通过微波进行回传，随着 5G 部署步伐的加快，对网络容量、复杂性、时延要求更高，移动基站的数量也会增加，微波作为无光纤场景下的重要传输手段，随着 5G 的演进其作用还会继续扩大。

爱立信在 2018 年 12 月发布的 *Ericsson Microwave Outlook* 中提到，光纤和微波融合的方案是 4G 演进和 5G 回传的主流方式。图 4-3 中的数据显示，到2023年，40%的基站回传都会基于无线的方式进行，若剔除中国大陆地区、中国台湾地区、韩国、日本，则到2023年无线回传的比例将高达65%，因为东北亚这几个地区有大量4G基站，且其回传主要依赖光纤的方式，因此拉低了全球无线回传的比例。

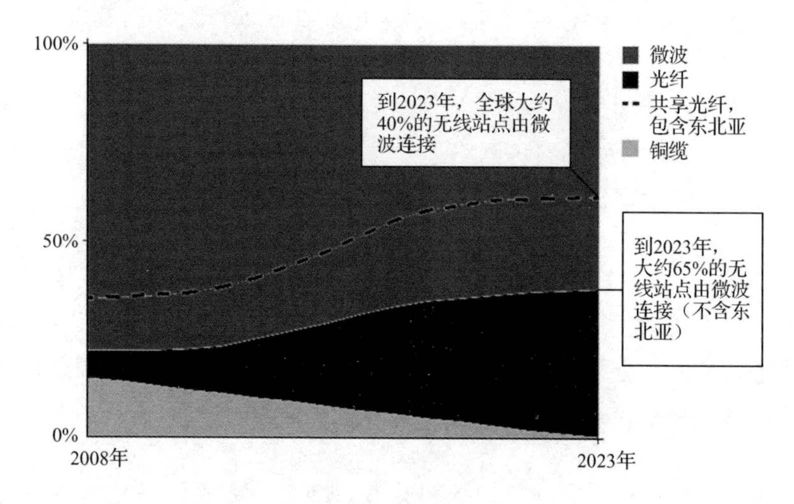

图4-3　全球基站回传方式分布

（来源：爱立信）

欧洲电信标准化协会（ETSI）于2018年11月发布的《5G无线回传》报告中也提到，无线回传技术已经应用于全球50%的基站连接，无线回传显然已成为5G快速部署和经济化的重要方案。

2017年3月，3GPP在克罗地亚的杜布罗夫尼克召开的会议上提出了一个研究项目“5G NR集成无线接入和回传”。这一项目提出，要实现未来5G NR小区的灵活、密集部署，网络需支持无线回传和中继链路，以摆脱对有线传输网络的过度依赖，这一方案也可称之为“自回传（Self-backhauling）”，如图4-4所示，它能使密集的5G NR小区以一种更集成的方式实现灵活部署。

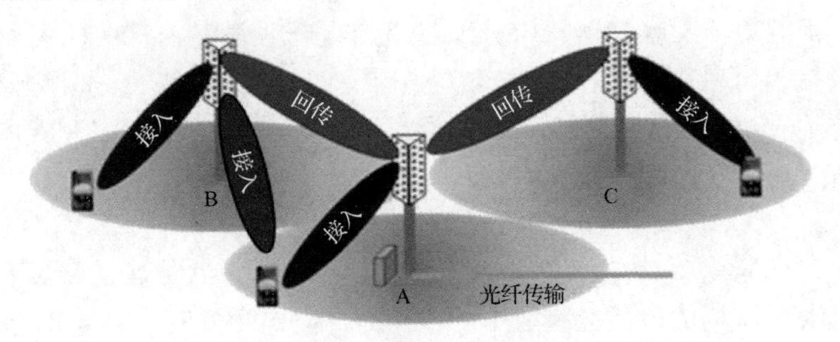

图 4-4　5G 无线回传的方式

（来源：3GPP）

4.3.3　不同玩家的态度不一

在爱立信的专家看来，理论上来说，无线电波在空气中的传播速度等同于光速，但将光放在其他介质（如光纤）中传播，由于折射的原因其传播速度放缓，因此理论上无线回传的速度快于光纤。当然，虽然各种研究报告和标准化组织对于无线回传期待很高，但这一技术还需要设备厂商和运营商共同推动其落地，最终商用的成效如何还是要由厂商来判断。

此前，爱立信和德国电信合作，在希腊雅典成功地进行了毫米波无线回传演示，其速率可以达到 40Gbps，该试验用到了爱立信的微波解决方案，能够做到时延小于 100ms，表明无线回传可以在 5G 时代提供更好的用户体验。针对该试验，德国电信的高管也表示虽然光纤是其回传产品的重要组成部分，但并不是回传的唯一选择，无线回传解决方案已具备类似光纤的性能。

根据 ABI Research 的数据，在一些国家或地区，光纤铺设十分昂贵，微波方案的性价比比光纤方案高得多，部署的可行性也高很多，有些国家移动基站微波回传的比例在 50%左右，而在有些国家可能高达 90%。在有些场景，如在欧洲的首都城市，铺设光纤是很难实现的，此时采用微波就是非常完美的解决方案。

在光纤和无线回传组合方式中，不同运营商根据自身条件会有所侧重。例如，美国第一大运营商 Verizon 认为光纤是一种最好、最简单的回传方式，他们只在少数利基市场上采用无线回传。与 Verizon 不同，Sprint 则对无线回传的潜力有更加积极的认识，Sprint 宣传其 20%的宏基站通过无线回传，且未来其室外小基站将大部分采用无线回传的方式。

不过，Verizon 的主要客户分布在城市和郊区，其他运营商在不同区域开展业务，采取的方式会有所不同。例如，固定无线网络服务商 Rise 宽带 90%的客户数据通过无线回传方式进行，只有 10%采用光纤，因为 Rise 宽带大量客户位于农村，客户基数并不大，部署光纤成本较高，因此选用无线回传。

与此类似，一些发展中国家光纤部署成本高、难度大，此时回传就成为移动网络发展的重点，在大多数情况下，微波回传方案的部署成本比光纤低 50%～60%，因此想要消除数字鸿沟，微波无疑是非常关键的技术手段。

当然，无线回传不可能完全替代光纤，但给予了运营商另一个选择，让光纤不再是唯一选择。无线回传并不是一个新的方式，只是在 5G 时代被赋予了更重要的意义。在 5G 投资居高不下的背景下，总体拥有成本（TCO）成为回传方案选择的重要依据，但不是唯一依据，更多的依据还需在实践中摸索。

4.4 频谱共享最大化稀缺资源的价值

无线电频谱在移动通信业中的关键性毋庸置疑，无线技术的发展和商用，使频谱需求急剧增长，频谱供求矛盾日益突出，频谱共享成为解决这一矛盾的重要方案。所谓频谱共享是指由两个或两个以上用户共同使用一个指定频段的电磁频谱，共享用户可分为主用户和次用户。主用户是指最初被授予频段且愿意与其他接入者共享资源的用户，次用户是指其余被允许按照共享规则使用频谱的用户。

5G 已进入商用通道，虽然给业界带来了前所未有的体验，但 5G 是频谱资源的消耗大户，对频谱带宽的需求更高，5G 商用中频谱的供需矛盾更加突出，因此频谱共享需要落地，同时频谱共享也被视为是 5G 技术系统中的一个关键能力。

4.4.1 非技术因素加剧供需矛盾，呼唤技术手段来提升效率

无线电频谱本身是一个不可再生资源，而且能够用于移动通信的频段有限，因此其稀缺性更加明显。有用且稀缺的物品就需要尽最大努力提升其效率，然而一些非技术因素使得其利用效率并不高，从而进一步加剧了频谱供需矛盾。总结下来，笔者认为以下三个非技术因素加剧了频谱供需矛盾。

1. 移动通信的代际升级缓慢加剧频谱供求矛盾

所谓的代际升级中的商用因素，是指新一代移动通信技术商用时，上一代甚至上几代技术会共存，代际升级速度太慢，多代通信技术的并存意味着每一代都独占专门的无线电频谱资源。例如，目前 5G 商用牌照已经发放，5G 网络已经开启正式商用，然而在未来一段时间内各运营商仍然要运营多个制式的网络，在很长一段时间中都将是 2G/3G/4G/5G 共存的局面。

正如中兴通讯的专家申建华在其发布的《频谱共享趋势和进展》一文中指出：传统运营商多制式网络中每个制式都需要固定占用一定的频谱资源，每个制式所需的频谱资源与其最大话务容量相关，虽然不同制式业务负荷的潮汐特性不同，但由于每个制式都独占频谱，不同制式间的频谱不能错峰共享使用，导致了频谱资源的严重浪费。

随着新业务发展，虽然2G/3G退网重耕到4G/5G是大势所趋，但这一过程并非一蹴而就，在过去几年中中国移动3G减频退网、中国联通2G减频退网的消息不断出现，但全部清退腾出频谱资源谈何容易。此时，频谱共享技术能够实现在同一频段动态地按需分配频谱资源，成为运营商的必然选择，可以释放部分资源用于4G/5G。

2. 无线电频谱政策局限加剧频谱供求矛盾

由于无线电频谱归国家所有，各国制定无线电频谱政策，而政策的制定需要从长远角度考虑与整个经济发展相协调。无线电频谱规划和政策制定时，因为一些因素的影响，往往会造成频谱供求结构性的矛盾，频谱分配碎片化，真正的需求得不到满足。

最为典型的是当前美国5G频谱分配的态势。在全球大多数国家和地区规划将6GHz以下的低频段作为5G覆盖的频段时，美国运营商却无法获得这一频段，只能主要在28GHz和39GHz这些毫米波频段部署5G，这是因为此前美国的6GHz以下频段已经被政府和军方占用，虽然美国国防部已计划腾退中低频段，但这一工作还需要很长时间。众所周知，毫米波频段虽然带宽资源充足，但覆盖距离非常低，会给运营商带来更高的投资。即使是在24GHz毫米波频段部署5G，也受到了美国国家海洋和大气管理局的反对，因为该频段无线通信有可能干涉气象预测的准确性。

可见，无线电频谱政策的局限性可能让有频谱需求的群体无法获得频谱授权，加剧供需矛盾。或许，频谱共享技术的使用，可以让频谱所有权主体共享给需求方。

3. 高昂的频谱获取成本加剧频谱供求矛盾

诺贝尔经济学奖获得者罗纳德·科斯在1959年发表了《联邦通讯委员会》一文，对全球无线电频谱管理产生了重大影响，建立了无线电频谱市场化管理的理论基础，此后全球多个国家基于此理论开启了频谱市场化拍卖。然而，拍卖的方式虽然解决了稀缺资源的分配问题，但也在一定程度上大大增加了运营商的成本，加剧了频谱供求矛盾。

根据德勤的统计，截至 2017 年第三季度，全美六大公开交易频谱的持有者为 AT&T、Dish、Sprint、TDS/U.S. Cellular、T-Mobile US 和 Verizon，这六家的资产负债表上共持有逾 2650 亿美元的综合频谱资产。如图 4-5 所示，综合频谱资产几乎占据美国无线服务供应商企业价值的三分之一，美国之外的一些国家的运营商频谱资产虽然占其企业价值没有那么高，但这一比例也在持续上升。

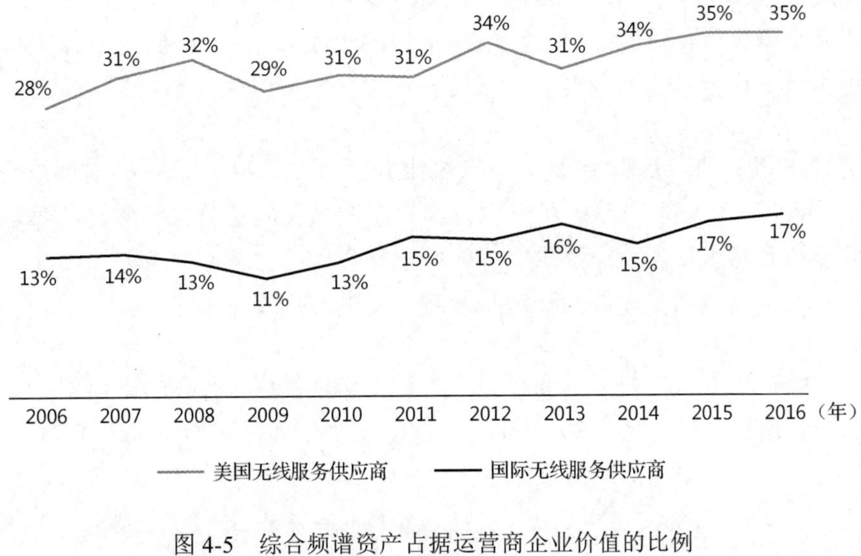

图 4-5　综合频谱资产占据运营商企业价值的比例

（来源：德勤）

高昂的频谱获取成本给企业带来很大的负担，此前因为频谱拍卖中支付高额费用导致网络运营亏损的运营商不在少数。因此，提升频谱使用效率是降低企业成本的一种重要方式。

在通信网络代际升级缓慢、频谱政策局限，以及高昂的频谱获取费用的背景下，通过技术手段提升宝贵的频谱资源的利用率就显得非常必要，面对 5G 的高额投资，频谱共享技术显得更加必要性。

4.4.2 产业链重要参与者都没有缺席

整个产业链早已意识到频谱资源稀缺性和非技术因素的影响，因此推出各类技术手段提升频谱利用率就成为各领军组织的重要任务，产业链各重要参与者均未缺席频谱共享技术，尤其是在5G的频谱共享方面。

2017年3月，在3GPP做出5G标准加速的决定的同时，也引入了5G NR频谱共享研究，将频谱共享作为5G标准中的组成部分。我国的IMT-2020（5G）推进组也在进行频谱共享专题技术研究，指导未来国内的5G商用。

早在2016年11月，高通就宣布推出其首个5G NR频谱共享原型系统和试验平台。该原型系统旨在表明，5G频谱共享技术将提升共享频谱的移动宽带性能至更高水平，从而提供“像光纤一样”的移动体验，同时将5G扩展至全新部署类型，如面向企业和工业物联网的专用5G网络。

华为在频谱共享技术方面也做了大量工作，其中CloudAIR解决方案就是这一技术研究的体现。2017年世界移动大会期间，华为展示了CloudAIR解决方案，可以支持GSM&UMTS和GSM<E动态频谱共享；2018年世界移动大会期间CloudAIR 2.0发布，该方案支持GSM & UMTS、GSM & LTE、UMTS & LTE和LTE & 5G NR等组合的部署；2018年11月，CloudAIR3.0解决方案发布，该方案一个重要的价值就是LTE和5G新空口在相同频谱动态共享部署，可加速5G全频段部署。

爱立信在频谱共享方面也推出专门的方案。2019年世界移动通信大会期间，爱立信使用英特尔5G设备，首次展示频谱共享技术，展现了4G和5G可以在同一个载波频率上同时运行。爱立信的频谱共享软件通过智能调度算法，根据实际流量需求，在同一载波频率内实现4G和5G之间的频谱动态共享。如图4-6所示，每一毫秒，系统容量都会在4G和5G之间进行重新调整，确保网络中以任何比例混合的4G和5G设备都能达到最佳性能。这将最大限度地减少频谱浪费，并实现最佳的最终用户性能。

图 4-6　爱立信频谱共享

（来源：爱立信）

4.4.3　频谱共享在商用中已成为现实

频谱共享不仅是各大通信厂商在秀技术，而且已经在商用中得到落地，尤其是在 5G 网络商用中得到落地。多家媒体曾对瑞士电信的共享频谱 5G 网络进行过详细解读。2019 年 4 月，瑞士电信宣布正式商用 5G，这张网络与其他国家商用的 5G 网络最大的不同之处是这张网络是 4G/5G 频谱共享的 5G 网络。

从瑞士电信发布的资料可以看出，其商用的 5G 网络不仅部署在专门为 5G 分配的 3.5～3.8GHz 频段上，还充分利用了现有 2G、3G、4G 网络的 1.8GHz、2.1GHz 和 2.6GHz 频段，频谱结构如图 4-7 所示。瑞士电信发布的两大品牌 5G WIDE 和 5G FAST，其中共享原来 2G/3G 网络 1.8GHz 和 2.1GHz 频段，以及原来 4G 网络 2.6GHz 频段的 5G 网络是 5G WIDE 品牌，因为更低的频段可以实现更广的覆盖，因此此品牌突出了广覆盖的特点；使用新分配的 3.5～3.8GHz 频段的为 5G FAST 品牌，其突出高频段带宽大、速率高的特点。

瑞士电信的做法可以看作是通过提供频谱效率的方式，快速低成本建设 5G。瑞士电信认为，若采用全新的 5G 频段建网，需新建大量天线，尤其在城区 90%的基站天面已没有空间，新建天线困难重重，难以充分发挥 5G 的潜力，而采取频谱共享的方式可以快速实现 5G 覆盖。

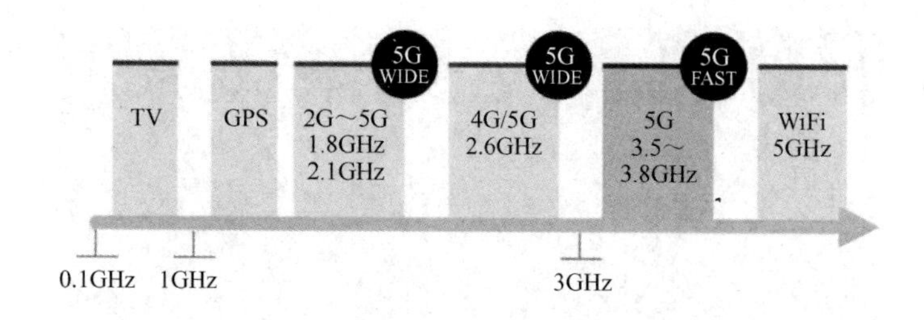

图 4-7 瑞士电信 5G 利用其他网络频段进行频谱共享

（来源：瑞士电信）

瑞士电信的动态频谱共享采用了爱立信的动态频谱共享技术，基于智能调度算法，可在现有的 4G 载波中引入和添加 5G，实现 4G 和 5G 用户轮流使用相同的频谱资源。除了瑞士电信，去年宣布商用的沃达丰英国公司，也采用了爱立信的动态频谱共享技术。

此外，业内人士认为，美国 AT&T 和 Verizon 两大运营商只有毫米波频段，可以采用动态频谱共享技术，以利用现有的 4G 低频段来快速实现全国性广覆盖。

当然，正如中国 IMT-2020（5G）推进组所述，频谱共享技术需要频谱管理政策的支持，制定新型使用规则、安全策略和经济模型，对基带算法和器件性能有较高的要求。在我国 5G 商用的推进中，随着技术的逐步完善，政策和产业生态也需要及时跟进，使频谱共享这一 5G 重要组成部分发挥出商用价值。

4.5 异网漫游实现低成本的网络共享

何为“异网漫游”，即在某一运营商办理的签约 SIM 卡在不换号的情况下，可以使用另一家运营商的网络。我们最熟悉的异网漫游更多集中在国际漫游业务中，经常出国的人员更为熟悉，每一位开通了国际漫游业务的用户到国外后手机都会切换到当地的签约运营商网络，使用当地运营商的网络服务。当然，在这背后需要切换的运营商之间要答署对用户签约数据有开放鉴权的协议并进行一系列的对接工作。

5G时代，网络投资成本居高不下，在尽量不增加投资的情况下，如何做到提升网络质量和服务质量？这就涉及5G基础设施的充分利用，网络共建共享是一种方式，实际上异网漫游可以看作是一种更低成本的共建共享。

4.5.1 物联网更容易实现异网漫游

对于手机用户来说，携号转网给用户多了一个选择，对倒逼运营商提升服务质量具有一定的意义。2019年携号转网在全国全面实施，但笔者认为异网漫游或许更适合物联网用户，因为号码对于手机用户是一个重要的标识，更换号码会产生大量的交易成本，但对于物联网设备来说号码的意义大大低于手机用户，而拥有高质量的网络更为重要。所以说，在5G网络上实施异网漫游，先从物联网用户开始或许阻力更小。

通信业专业社区“通信人家园”中的一篇文章中对异网漫游做了详细的解释，引用其中部分观点：

- 异网漫游也是移动网络共享的一种方式，开通异网漫游速度最快，对网络改造最小，成本最低。
- 异网漫游界面比较清晰，按统一的漫游结算费率计量结算。
- 在归属运营商网络没有覆盖、信号弱、终端不支持所处位置的网络制式、拥堵、故障等状况下，自动漫游切换到其他运营商网络，继续为客户提供服务；归属运营商网络恢复可用时，自动切换回来，优先使用归属运营商的网络。采取系统自动控制，优先使用归属运营商网络的漫游策略，不会导致客户大量漫游，恶性竞争。这种漫游策略，更多的是互补。
- 客户只与归属运营商结算，客户漫游出去，归属运营商从客户那里收取的通信费，要分一部分给漫游服务运营商。

- 在城市楼宇、地下停车场、电梯间等信号弱的区域，或者覆盖盲区，只要有一家运营商有信号，就可以为所有客户提供服务。
- 通过异网漫游，每家运营商可以消耗更少的网络建设和维护成本。

对于手机用户来说，异网漫游推动起来确实有很多阻力，包括手机终端需要支持全部网络制式和频段、多样化资费造成结算困难等，然而对于专用于物联网的网络来说，这方面的问题并不大。以纳入5G家族中的NB-IoT为例，一方面，NB-IoT是全球统一制式的，目前模组基本支持全球主流频段，因此终端已经能够支持异网漫游，另一方面，NB-IoT资费趋同化的趋势，为不同运营商网间结算打下了基础。

结合NB-IoT的现状，大量物联网项目落地时的一大痛点是网络覆盖不足。国内三大运营商已部署70万个NB-IoT基站，虽然各家都没有发布网络部署地图，但可以肯定的是三家厂商的网络覆盖具有一定的差异性。若三家运营商在NB-IoT网络上可以实现异网漫游，则用户不论选择哪家的物联网卡，在项目落地时都会根据项目所在地网络覆盖情况自动选择具有更好质量的网络，这在很大程度上加速了NB-IoT项目的落地。

在运营商收入增速下滑、5G网络投资压力越来越大的情况下，物联网为运营商带来的收入有限，NB-IoT网络进一步大规模投资较为困难。在手机用户中推动异网漫游阻力很大的情况下，笔者认为NB-IoT是一张新建的网络不妨在NB-IoT这个新的领域进行试点，三家运营商开展NB-IoT异网漫游合作。在已有NB-IoT网络覆盖的情况下，用户可以获得最好的网络服务质量；在没有NB-IoT网络覆盖的情况下，只要有一家运营商部署网络，即可为三家客户提供接入服务。

4.5.2 政策支持已经开始起步

2016年，工业和信息化部下发《关于开展移动通信网络异网漫游试点的通知（征求意见稿）》，但此后运营商之间的异网漫游并未看到明显进展，而携号转网却得到了政策的大力支持，并在 2019 年得到实现。不过，随着 5G 网络商用，异网漫游再次被提上议事日程，而且得到政策的明确支持。

2019 年年底，在工业和信息化部总结当年工作展望 2020 年工作的会议上，工业和信息化部信息通信管理局局长韩夏就提到 2019 年已成立“5G 异网漫游工作组”。

2020 年 3 月 24 日，工业和信息化部发布了《关于推动 5G 加快发展的通知》，作为 2020 年度 5G 推进工作的“总纲领”，这份文件中再次明确提出要“推进异网漫游”，具体工作包括：引导基础电信企业加强协调配合，充分发挥市场机制，整合优势资源，开展 5G 网络共享和异网漫游，加快形成热点地区多网并存、偏远地区一网托底的网络格局，打造资源集约、运行高效的 5G 网络。

在网络共建共享之后，工业和信息化部又着重提出异网漫游，可见，政府对于 5G 发展的态度是尽一切努力降低投资成本、提升用户服务水平。业界对于异网漫游的期待也非常高，2020 年可能成为异网漫游的试点之年。同时，当前在全国全面开展的携号转网或许会受到一定影响，毕竟对于用户来说，异网漫游和携号转网都是为了使用最好的网络服务，但异网漫游流程更为简单，对用户几乎零打扰。

第 5 章

新模式探索，5G 催生前所未有的业务创新

作为新基建的领头羊，5G带来的不仅仅是固定资产投资这种直接的经济效应，更在于它已经成为国民经济各行各业数字化转型的基础设施。在5G基础设施建设的过程中，各类创新已纷纷涌现出来，很多创新都基于5G的固有特征。当然，5G并非无所不能，一些受到热炒的场景还需要仔细分析。

5.1 5G固定无线接入打破宽带垄断

当前，5G商用处于初级阶段，主要针对增强移动宽带（eMBB）场景。eMBB已经有很多的应用方向，海外运营商已将固定无线接入（FWA）作为一个重要的切入口。国内虽然对此没有太大的动静，但从商业角度来看，FWA或将成为5G时代解决宽带领域现存问题的较好方式，并进一步促进智慧家庭、智能家居的发展。

5.1.1 宽带垄断，没有选择性带来的痛点

对家庭或商业楼宇用户来说，固定无线接入（FWA）可以将临近的无线基站与部署在建筑物内的接入设备通过无线方式连接，这些接入设备再连接到各家各户或各企业办公室的网关或路由器，实现了采用无线接入方式替代有线宽带接入方式的目标。以我们日常使用的WiFi为例，FWA可以说是将WiFi网关或路由器的信号通过无线回传，替代目前使用的通过光纤回传的一种方式。虽然只是这一小段回传方式的改变，但笔者认为对于现有的宽带市场格局会有较大的潜在影响，首要的影响便是打破原有的垄断格局。

目前，对于大量家庭和企业办公用户，宽带是日常工作生活的标配和刚需，多年来运营商也在不遗余力地推进光纤宽带业务。不过，整个宽带生态中一直存在着一些“垄断”的问题。

1. 小区驻地网垄断

住宅小区驻地网垄断已经存在多年，所谓的驻地网即用户终端至用户网络接口所包含的机线设备，在住宅小区中一般是运营商网络接口进入小区直到每个家庭里面，可以说是光纤在小区内的一部分。由于运营商的宽带服务进入各家各户前必须经过小区驻地网，驻地网运营者对各家宽带运营商小区接入收取不菲的“过路费”，而且很多情况下会抬高进入价格，将大部分运营商排除在外，只有单个运营商网络可以进入，从而让家庭用户只有一个选择。在过去十多年中，小区中通常存在各类利益群体、产权关系的问题。这种驻地网垄断一方面让很多家庭用户只能选一家宽带服务，服务质量没法保证，另一方面给运营商设置了高门槛，入小区成本极高。

2. 商业楼宇高价宽带

无独有偶，与住宅小区驻地网垄断类似的是，城市写字楼等商业楼宇中宽带垄断非常普遍，企业宽带接入价格居高不下。笔者所在公司 2018 年搬入新的写字楼，新写字楼中相同速度的宽带价格是原写字楼的 4 倍，而且除了这一家宽带运营商外没有其他可选的运营商。我们或许还是幸运的，至少这个价格勉强可以承受。而不少楼宇宽带价格已经达到了中小企业难以承受的程度，对此有媒体报道北京某写字楼 50 Mbps 宽带的包年费用超过 8 万元。2018 年年底，工业和信息化部发布《关于整治商务楼宇宽带垄断优化中小企业发展环境的通知》，要求严肃查处写字楼宽带垄断问题，可见商业楼宇宽带垄断到了非常严重的程度。

小区驻地网和商业楼宇之所以能形成宽带垄断，是因为运营商的宽带接入口和最终家庭用户、办公用户之间隔着一段距离，这一段距离必须通过一根线来连接，想要连接这根线入户的运营商必须给小区或楼宇相关方留下“买路钱”，否则无法给最终用户提供服务。

而若是采用 FWA 的方式，运营商的接入口可以通过无线直达最终用户，无须拉线入小区或入楼，这样各家运营商就可以公平地直接为用户提供宽带接入，而 5G 标准下形成的 FWA 场景也可以为用户提供高速率、稳定的服务。

笔者认为，小区或楼宇宽带垄断主要在于用户没有第二选择，FWA 的商用不一定能够完全替代有线宽带服务，但在很大程度上给用户带来更多的选择性，有选择就能带来竞争和服务的提升，自然就能打破垄断格局。

5.1.2 成本与技术可行，FWA 成为 5G 的重要应用场景

实际上，固定无线接入（FWA）并不是 5G 特有的新事物，早在 3G 时代就已有探索，只是因为 3G 的带宽和容量有限，无法真正提供接入。到 4G LTE 商用成熟时期，FWA 已在全球很多运营商中有不少应用。知名电信市场研究机构 Ovum 在 2018 年 9 月发布报告称，基于 LTE 的 FWA 已被证明能够在各种不同的使用场景、不同的市场条件下可以提供持续的高质量宽带接入，预计到 2022 年，基于 LTE 的 FWA 服务将占据所有固定无线宽带用户的 40%以上，其中 5G FWA 服务用户将占据 16%。

对于运营商来说，FWA 大范围的商用需要考虑两方面的因素：容量和成本。容量是在技术层面上解决的，成本则需要通过商业层面解决。

1. 从一个试验结果来看 FWA 的容量

在介绍 FWA 的文档中，会频繁引用爱立信的一个 FWA 试验，该试验结果由爱立信的工程师发表在 *Ericsson Technology Review* 上。爱立信在一个人口密度为每平方千米 1000 户家庭左右，25%的家庭使用 4K 超高清视频服务，网速要求至少在 15 Mbps 以上的场景下进行试验。

图 5-1 展示了在这一场景下，每月每用户的最大流量需求若为 5200 GB，5G FWA 网络在这样高负荷的情况下，可满足 95%的用户数据速率大于 15 Mbps，69%的用户速率大于 100 Mbps。

虽然这只是一个郊区的试验，但在一定程度上说明 5G FWA 具有较大的容量，可以在一些区域提供替代有线的宽带接入。宽带服务和无线服务一样，也具有规模经济的特征，需要用户数量达到一定临界点，这就要求在技术上支撑高容量的接入。此前 3G、4G 的固定无线接入并不普及，很大程度上在

于其容量非常有限，无法达到规模经济效应。而5G提供的容量是4G的10～100倍，因此它有潜力大规模实现FWA解决方案。

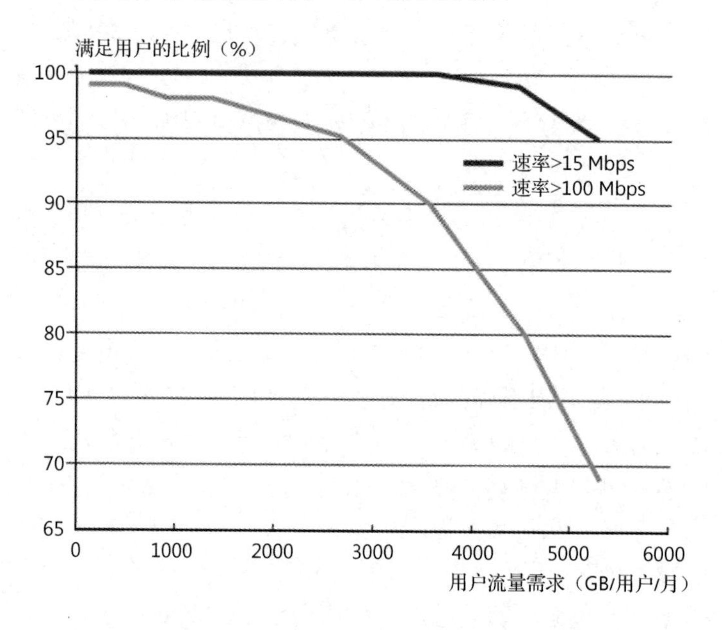

图5-1 FWA提供的网络速率与用户容量

（来源：爱立信）

2. 成本收益不仅节省线路部分

从成本方面来看，与光纤到户（FTTH）和其他有线解决方案相比，“最后一公里”的布线是一个“难啃的骨头”，不仅有小区和楼宇相关方的“过路费”，还需要对“最后一公里”进行布线、维护，而FWA的建设成本和维护成本低、部署速度快，尤其适用于光纤还未到户的家庭和中小型企业。当然，FWA不仅仅节省布线入场带来的成本，对于运营商来说FWA还开拓了一个5G应用场景，而且这一场景带来的平均用户价值较高。

具体来说，当前的宽带业务是运营商一项ARPU（每用户平均收入）值相对较高的业务。运营商发布的财报显示，2019年中国移动家庭宽带的综合ARPU值为35.3元，且宽带综合ARPU值还在上升。FWA商用带来的直接ARPU值可以类比当前宽带的价值。相对于商用还遥遥无期的uRLLC、超低费率的 mMTC 场景，FWA 可以说是一个平均收入较高的业务。

FWA 的价值也不仅限于较高的 ARPU 值，它给电信运营商其他业务创新提供了一个切入口。通过 FWA 的入口，家庭中高清视频、VR/AR 娱乐场景可以在很大程度上让 eMBB 有落地的机会。除此之外，我们注意到，目前电信运营商提供的家庭宽带服务更注重宽带综合收入，如中国移动在家庭宽带基础上衍生的“魔百合”、智能网关等智能家居的创新类业务，当宽带接入通过 FWA 实现时，可以给运营商在智能家居领域的创新提供更多的空间。

5.1.3 FWA 提供的是选择，不是替代

国内三大运营商在 5G 领域的积极性非常高，但鲜有对 FWA 的投入和探讨。在笔者看来，FWA 未来在 5G 市场中可以给用户提供一种选择，但不可能对有线宽带形成替代。

从上述容量测试中我们可以看出，5G 虽然容量比 4G 提升了 10 倍以上，但 FWA 依然不可能对高容量的接入形成支撑。在爱立信的测试项目中，1 平方千米有 1000 户用户，然而在城市环境下，用户密度远远高于这个数字。以笔者所在小区为例，该小区面积仅有 0.1 平方千米，但小区住户已接近 1000 户，这仅仅是北京较为偏远的顺义区的一个小区，若是在主城区的住宅小区密度会更高，而且用户使用宽带往往集中在晚上时段，可能会造成无线拥塞。因此在城市高密度的区域，FWA 不可能提供如有线宽带一样流畅的上下行体验。

不过，在一些郊区、农村等相对偏远的区域，光纤铺设成本较高且家庭密度不大，FWA 或许是一种更好的方式，运营商可以低成本地为这些区域用户提供宽带接入服务，拓展一些高 ARPU 值的用户。当这些区域的用户数量达到 FWA 部署成本的临界点后，运营商还是有积极性去部署和开展服务的。

当然，虽然 FWA 无法在城市替代有线宽带，但也不影响其在城市中的商用，在用户数量达到容量上限之前，FWA 给小区和写字楼用户提供了选择性，这种选择性有利于降低小区和楼宇宽带垄断价格，让有线宽带和 FWA

形成一个相对合理均衡的定价体系。同时，当前三大运营商在主要城市的大部分小区中已经实现宽带入户，前期已经付出了沉没成本，三大运营商若再部署 FWA，也会进一步增加自身和驻地网运营者谈判降低“过路费”的筹码；对那些还有未入驻小区或楼宇的运营商来说，FWA 也给其提供了低成本快速“挖角”竞争对手用户的手段。当用户有多样化的选择、各类选择成本和服务差异化不大时，各类接入方式都有用户使用，不可能出现全部选择 FWA 而造成容量不足的情况。

作为先行者，美国运营商 Verizon 提供的 FWA 服务 5G Home 主要是在其传统的固网覆盖范围之外提供这一服务。目前 Verizon 是美国第四大宽带服务商，市场占比为 6%，通过 FWA 或许可以在短时间内对美国 3000 万家庭潜在市场形成先发优势，率先商用 FWA，5G Home 是 Verizon 对 5G 初期规模化场景的思考和实践，面对 5G 高额的投资和还不明确的应用场景，这一动作是否可以给其他的市场参与者一个启示？打破垄断、提升连接数和 ARPU 值、促进智能家居创新，FWA 或许是被 5G 忽视但却能在 5G 商用初期带来规模应用的一个场景。

5.1.4 固定无线接入的重要工具：CPE

在 2019 年的 MWC（世界移动通信大会）上，各类 5G 手机的发布成为最热门的新闻，然而和 5G 手机同时发布的 5G 终端还有 5G CPE Pro，显然这一终端并未受到媒体热捧。这类商用级别的终端产品，可以提供 5G 转 WiFi 高速信号，支持家庭多终端设备智能接入，也适合移动办公、公共场所轻松上网等。

1. 固定无线接入的入口

由于 FWA 是产业界已成熟的模式，且在 5G 时代会继续延续，而 CPE（Customer Premis Equipment，客户前置设备）终端可以说是固定无线接入的核心入口。CPE 充当 5G 基站和家庭之间的一个网关，接收室外 5G 信号转化为 WiFi 信号，并收集连接到该网关的 WiFi 设备信息，进行 5G 网络回传。

在 5G 网络部署还未达到广覆盖时，使用 5G 手机并不能体验到 5G 业务的连续性；而固定无线接入则不一样，在已有 5G 部署的场所通过 CPE 来部署 FWA 业务，由于终端是固定的，用户能够体验到业务连续性。所以，在一定程度上，通过 CPE 的协助，固定无线接入或许能更快速地落地，使人们率先体验到 5G 的速度。

对于普通大众来说，固定无线接入业务可以快速带来 5G 时代的体验，因为很多场景主要发生在固定场所，只要有 5G 基站的部署，通过 CPE 即可快速部署固定无线接入网络。2019 年 1 月，中国联通打造的全国首个 5G 无线家庭宽带示范社区正式落地成都市成华区东方明珠花园小区，这一示范项目就是通过 5G CPE 将 5G 蜂窝网络信号转为 WiFi 信号的，用户进入小区后可连上 5G 的 WiFi 网络，现场实测速率高达 400 Mbps。

如图 5-2 所示，在 GSMA（全球移动通信系统协会）2019 年发布的《eSIM 在中国》报告中显示，2015 年基于运营商授权频谱的物联网连接数占总连接数的 6%，到 2025 年这一比例将上升至 14%，而大量的连接依然是通过非蜂窝网络实现的，这其中 WiFi 占据了相当大的份额。而在智慧家庭中，WiFi 更是由于普及率高占据先发优势。

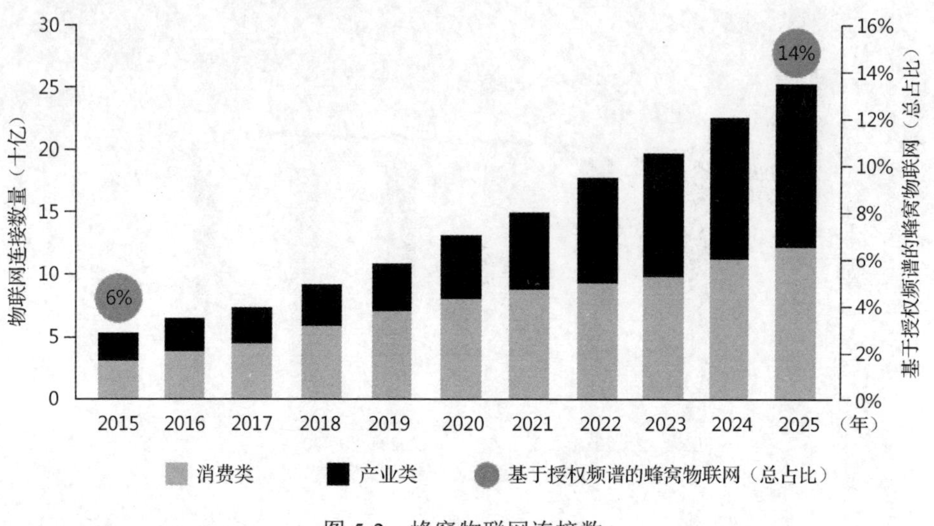

图 5-2 蜂窝物联网连接数
（来源：GSMA）

因此，在未来智慧家庭生态中，采用固定无线接入业务的家庭里 CPE 可能成为智慧家庭设备数据汇聚的中枢，通过在 CPE 中集成各类协议，打通智慧家庭所有设备的接入壁垒。

另一方面，CPE 这类设备也可能承载边缘计算的功能。CPE 能够给用户构建一个局域网络，由于保密性的要求，以及减轻对回传带宽压力的需求，边缘计算功能可以下沉至 CPE 终端处。当智慧家庭中枢和边缘计算发挥作用时，CPE 不仅是一个 5G 网络接入的终端，还是构建 5G 典型用例的工具。

2．5G 时代开始受到重视

CPE 不是一个新的事物，在 4G 发展时期就已经得到广泛使用。不过，CPE 的普及并非一帆风顺，尤其在国内的使用率并不高，这也是大众对于 CPE 关注度远远小于手机的一个原因。

2018 年年底，市场研究机构 Ovum 发布报告显示，未来几年全球 CPE 出货量会超过 2 亿台，而由运营商提供 CPE 的比例将逐渐上升，如图 5-3 所示。2 亿台的 CPE 出货量虽然相对于手机出货量小很多，但在家庭宽带领域也是一个不容小觑的数字。

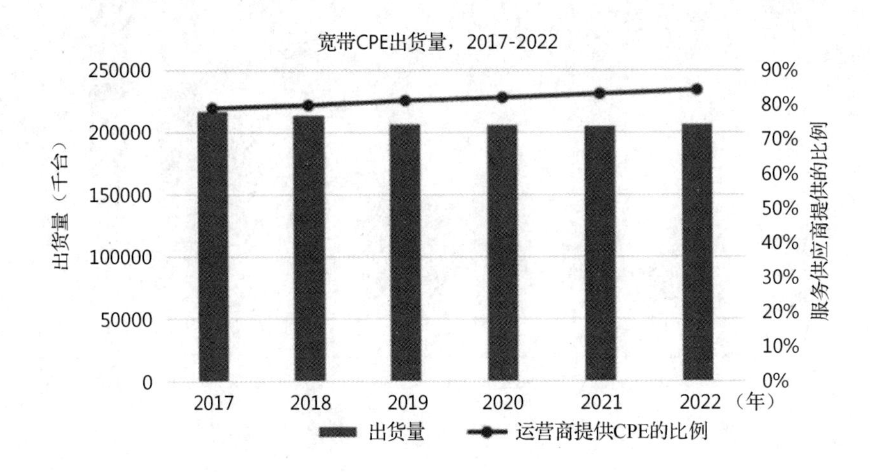

图 5-3　全球 CPE 出货量

（来源：Ovum）

如前文所述，此前，固定无线接入在海外多个国家已广泛应用，有数千万用户，而我国仅在吉林、安徽等地发展了数十万农村用户，这中间有技术、经济等多方面的原因。笔者在一份中国移动某省公司网络部几年前出具的在农村发展 CPE 客户的建议中发现，彼时该公司发现 CPE 客户的资费低于 4G 手机资费，而且由于不少农村地区 4G 手机用户数量较多，CPE 在忙时可能对 4G 网络承载能力造成压力，在这一情况下需要对 CPE 用户进行限速，有效保证 4G 手机用户的体验。

当然，随着 5G 的成熟，相应的技术和经济问题会在很大程度上得到解决。在大量 5G 行业应用案例中，不少场景就是通过 CPE 将 5G 信号转换为用户现场 WiFi 信号，解决用户通过无线快速、高效接入的需求。CPE 的作用已不仅仅局限于家庭用户，工商业用户的使用场景也越来越多，相信随着 5G 网络的逐渐完善，CPE 的普及率会大大高于 4G 时代。

5.2 5G 网络切片的创新高价值与商业模式

5G 为消费市场和行业市场带来大量新的产品和服务，网络切片是其中高价值的产品之一，网络切片是 5G 时代给通信运营商带来新增收入的重要利器这一观点已成为共识。网络切片的优质服务主要来自低成本的个性化、定制化需求，而这种个性化和定制化需求转化成可便利销售的“商品”才能最终带来新的收入，切片商业化已成为业界探索 5G 商业模式的重要组成部分。当然，高价值产品并不代表它能够改变 5G 网络服务整体收入的结构。作为一个“奢侈”产品，虽然网络切片会带来较高的边际收益，但 5G 收益的大部分构成依然需要几乎所有用户能够支付得起的“普惠”产品来支撑。

5.2.1 5G网络切片需要走向明确的商品化

如果把5G网络比作城市道路交通系统，当城市交通拥堵时，为了保障重点车辆的快速通行，除了拓宽道路，交管部门还可以对不同车辆进行分类管理，开辟出专门的公交通道、抢险物资车辆通道，并在重大活动中临时开辟专用车辆通道等。而通信网络也可以像道路交通管理一样实行分流管理，为了更智能化地利用网络，5G时代的网络切片承担了这一角色。

网络切片是将运营商的物理网络划分为多个虚拟网络，每一个虚拟网络根据不同的服务需求，比如时延、带宽、安全性和可靠性等来划分，可以独立为每个应用场景提供服务。道路管理只能在物理道路上进行划分，能够划分的专用通道有限，而5G网络切片则可以利用网络功能虚拟化、软件定义网络等技术，理论上可以划分更多虚拟网络。

1. 克服4G服务质量的不足

实际上4G时代运营商就在为一些行业用户提供服务质量（QoS）优先级更高的产品，不过5G网络切片提供的QoS保障，与4G的QoS相比是一种全方位的提升。根据中国移动研究院的成果，4G的QoS存在以下局限[①]：

第一，4G业务流通过配置的业务优先级调度网络资源（如无线资源），高优先级的业务流比低优先级的业务流拥有更多的网络资源调度机会，从而得到更多的保障。但是，业务优先级只是一个相对指标，4G QoS的设计原则是：即使在严重的传输拥塞的情况下，也不会阻止低优先级的QoS流占用资源。换句话说，不同的QoS流之间共享无线资源，高优先级的QoS流不能抢占低优先级的QoS流的无线资源，因此，无线接入网难以预留足够的资源来实现高等级切片业务的需求。

第二，同一种通信业务在4G中会分配相同的业务优先级，进而调度同

① 本部分内容参考了中国移动研究院《用户体验驱动的5G切片SLA保障白皮书》。

等数量的无线资源。但是，不同的切片租户对同一种通信业务的保障要求是有差异的，而4G机制却无法相应地区别对待。例如，一个普通的5G用户和一个高优先级的公共安全用户都部署了语音应用，在传统的 QoS 控制机制下，系统会平等对待这两个语音应用，这就忽视了提供给公共安全用户的业务应该得到更多的保障，尤其是在紧急情况和救灾场景中应急语音通信更应该作为最高优先级业务来处理。

第三，业务优先级是在QoS流建立阶段分配的全局静态参数。在业务的整个生命周期中，QoS优先级不会被修改，也不会根据服务的用户和流量的地理差异调整，在服务的用户、应用程序或底层无线/传输/核心网发生动态变化时，4G QoS无法及时响应并进行QoS参数（比如业务优先级）调整。

这也许是4G虽然提供QoS保障，但并未成为运营商"优质服务"和"收入利器"的原因。而5G网络切片可以通过在同一网络基础设施上按照不同的业务场景和业务模型，将资源和功能进行逻辑上的划分、网络功能的裁剪定制、网络资源的管理编排，形成多个独立的虚拟网络，按需定制；也可以为不同应用场景提供相互隔离的、逻辑独立的完整网络，资源共享。这些特征打破了4G QoS的局限性，给予各类用户类似于专用网络的体验。

当然，在很多情况下，个性化和定制化意味着复杂化，堆砌人力物力资源形成的个性化和定制化意义并不大。5G通过引入NFV/SDN等虚拟化和软件化技术，实现软硬件解耦，将以前只能通过硬件实现的功能，由软件来承担，降低定制化业务的复杂性，通过技术进步实现个性化和定制化，这种低成本的个性化、定制化是商用化的基础。

2. 网络切片商品化的必要性

网络切片要成为运营商新的收入来源，就需要具有可售商品的特征。与网络切片技术实现一样，商品化也需要简化，让用户订购和使用网络切片的过程变得便捷。目前运营商大部分产品和服务都可以实现线上线下快速订购、开通和结束，未来网络切片也需要和这些业务一样简化流程，因此就有了"切片商品化"的理念。

在业界看来，网络切片具有多种商业模式，包括B2B、B2C、B2B2C等。在大部分情况下，我们所提及的网络切片更多是对行业用户提供B2B服务，而网络切片也可以直接向个人用户和经销商销售，如B2C面向个人提供差异化带宽前向切片服务，B2B2C面向虚拟运营商提供后向切片服务。

举例来说，运营商为个人用户提供定制化5G切片服务，用于其云游戏、VR、抢票等场景中，个人用户愿意为这一差异化服务付出更高的费用。在这个过程中，运营商需要引入自动化运营和运维的机制，实现更快的定制、自助服务和可扩展性。

IMT—2020（5G）推进组在2019年发布的《基于AI的智能切片管理和协同》白皮书中指出，对于切片租户来说，运营商可以通过一定的交互方式（如交互界面），提供自动化、一站式的切片订购渠道。切片租户可以设置并更新切片订购信息，包含切片类型、接入用户信息、切片容量、业务信息、QoS信息等；切片租户可以查询并监控所订购切片的运行情况和切片预测信息，如接入用户数量、用户分布区域信息、QoS保障情况、异常情况预测等；切片租户也可以根据切片运行情况、自身业务数据的反馈，以及智能分析系统反馈的信息来确定是否修改切片的订购信息，如切片容量更新、业务信息更新、QoS更新等。

从切片租户的这些需求来看，运营商需要为网络切片提供非常灵活的商业模式，这对于运营商来说挑战巨大。《基于AI的智能切片管理和协同》白皮书引入了基于AI分析系统的智能网络切片管理，定义了智能切片的组织架构、业务流程，为实现灵活的网络切片商业模式提供重要参考。

《基于AI的智能切片管理和协同》白皮书勾勒出5G网络切片商品化的基本要素，也给设备商和运营商提出了相应要求。华为、中兴等设备商是“切片商品化”理念的重要推动者，他们除了为运营商提供5G相关设备和平台，还在推广协助运营商便捷化各类5G业务对用户的商用流程。华为也在2018年面向全球全面启动“切片商城”创新项目，促进5G切片商品化落地。

中兴认为5G切片需要具备可定制、可交付、可测量、可计费的特性。去年，中兴通讯联合Hutchison Drei Austria成功开通欧洲首个切片商城业务，通过向垂直行业开放切片定制服务，运营商从单一B2C流量运营向B2B、B2B2C、B2B2B多元化的切片运营转型。

作为一个新的尝试，5G切片商城解决方案邀请垂直行业参与基于B2B业务模式的网络切片编排和生命周期管理。基于对垂直行业的编排开放能力，该方案具有切片服务等级协议SLA定制、KPI实时监控、增强计费和网络切片生命周期管理功能。行业用户可以根据行业特点选择预定的切片模板并设置SLA参数，然后一键式操作即可自动部署和激活网络切片。当用户数量增加或KPI性能降低时，系统可自动调整资源以适应KPI的变化。

5G商用已经开启，市场研究机构IHS Markit发布的《5G多媒体网络切片商业白皮书》中显示，在5G网络和切片实现前，很多应用案例和软件都面临着明确的痛点，例如，现有网络提供的服务时延高，导致VR体验不佳；硬核游戏需要算力强的硬件；带宽和时延的限制，导致观看直播体育和活动有时延；无法满足实时传送的远程应用需求（如手术、监控和高分辨率视频）。

痛点和需求已有，“给千行百业带来更优质的服务，是运营商新的收入利器”是否能够成为现实，待5G商用后检验结果就会揭晓。由于已有4G时代QoS的经验，以及一些行业使用专网的历程，可以肯定的是5G网络切片确实会为一些行业带来更可靠的通信服务。

5.2.2 网络切片对运营商的价值也不应被夸大

网络切片是5G时代给通信运营商带来新增收入的重要利器，这一观点已成为共识，不过，高价值产品并不代表它能够改变5G网络服务整体收入的结构。作为一个“奢侈”产品，虽然网络切片会带来较高的边际收益，但5G收益的大部分依然需要几乎所有用户能够支付得起的“普惠”产品来支撑。

1. 从供需双方看，网络切片都是一个“奢侈”业务

不可否认，网络切片是5G技术中的重大的创新，让移动通信网络为重点行业的数字化应用提供强大赋能手段。尤其是在一些需要高可靠、高安全的关键型行业应用中，网络切片能够带来与“专网”同样等级的安全性和隔离性，但相比企业自建“专网”，其成本又大大降低。

然而，我们应该看到，对于网络切片有刚性需求的应用都是相关行业对可靠性、安全性、时延等指标有特殊性要求的应用，为保障这些关键性业务才将网络切片作为必选项。对于国民经济的全部行业来说，“特殊性”要求与“普遍性”要求相比，其比例是比较低的，不可能作为一个全行业常态化的需求。

大多数情况下，特殊性、定制化的要求与成本是硬币的两面。在很多对移动通信网络具有很强确定性要求的场景下，网络切片可以提供需要专网才能满足的服务，但需要专网的场景需求数量并不多，虽然切片成本远低于专网，但毕竟是定制化服务，对用户来说还是一个“奢侈”选项。

这就像一些海外航空公司在其航班上推出豪华的头等舱套房，吸引一些对私人飞机有一定需求但支付能力有限的客户，不过对于大部分乘客来说，这个头等舱套房可能与他们一辈子无缘。在国民经济千行百业的数字化转型中大量场景需要采用5G通信，但首先考虑的都是自己的支付能力，高可靠服务也意味着高价格，其需求也是有限的。

我们以道路交通为例，道路运营者给车辆提供的车道，在大部分时间对大部分车辆都是通用的，只是对公交车、救护车、抢险车等特种车辆提供专用车道，没有必要为每一辆车都提供专用的车道。同样，虽然理论上5G网络可以为每个应用、每个终端提供定制化的网络切片服务，但这么做似乎成本太高，而且现实意义不大。

对于运营商、设备商等供给方来说，网络切片也是一个“奢侈”选项，因为需要投入更多优质资源。虽然网络切片是利用虚拟化技术，进行网络功能的裁剪定制、网络资源的管理编排，形成多个独立的虚拟网络，为不同的

行业应用场景提供“相互隔离”的网络环境和按需定制网络，但每一个切片都是在同一个物理网络上进行的，虚拟化的切片受限于资源丰富程度，如无线电频谱、网络容量、处理器能力等物理资源都是有限的。在一定程度上，网络切片实际上优先占用了有限的稀缺资源，留给公共业务部分的资源就更加有限。

以无线接入网切片供应为例，为了保障用户切片的体验，运营商需要为重要客户的切片配置一定比例的无线资源，切片用户独享该资源。甚至为了一些行业客户的更高要求，运营商要为定制切片分割一定的频谱资源进行组网，实现硬隔离。虽然相对于以往的移动通信技术，虚拟化技术大大提高了这些物理资源的利用率，但对于供给方来说，它优先使用了优质资源，从而使网络切片成为运营商的一个“奢侈”业务，因而不可能低价提供，而且供给也是有限的。

2.“头等舱”虽然贵，然而大部分收益还是来自“经济舱”

既然是“奢侈”业务，有人可能会想到“二八定律”，即 20%的高价值业务带来 80%的收入、20%的中低价值业务带来 20%的收入。然而，正如上一小节所述，供给的有限和需求的有限，不可能产生类似的“二八定律”。正如一家航空公司的收入一样，虽然每次航班上头等舱、公务舱的价格是经济舱的数倍，但供需都非常有限，最终每次航班的绝大部分收入还是来自低价值且量大的经济舱。

通信行业是一个具有典型规模经济特征的行业，过去人口红利发挥着巨大作用，庞大的人口基数为运营商每年带来数千亿元的收入。当然，随着人口红利的饱和，运营商开始更多地去挖掘政企行业市场，尤其是5G 被寄予最大期望的是对国民经济各行业的赋能，在行业市场方面依然具有明显的规模经济特征。根据国家统计局的数据，截至 2017 年年底，全国各类企业、事业单位和机关法人单位数量超过 1800 万，这 1800 万的单位构成了 5G 赋能政企行业市场的基数。不论是针对消费者，还是针对政企行业，高价值的服务是否构成了运营商收入的大部分份额？我们不妨从以往运营商的收入构成中考察一下。

从消费者市场来看，电信运营商会对手机客户进行分类分级。笔者多年前曾参与过某运营商高价值客户分层服务咨询项目的工作，一般通过手机客户的收入贡献、在网市场、资费构成等量化指标，构建一个客户价值函数，判断客户的不同价值等级。从图5-4中的数据分析来看，客户等级呈现金字塔结构，但收入结构并未呈现倒金字塔结构，只是金字塔结构有所变化。

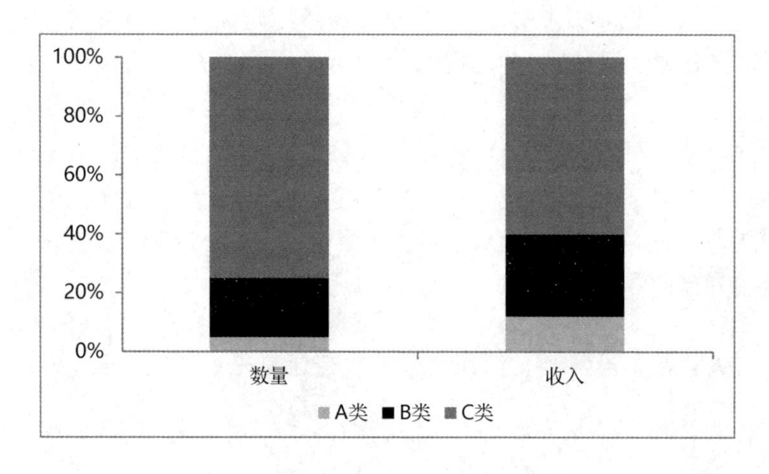

图5-4 手机客户价值函数结构

图中A类是订购较高资费服务的客户，B类次之，C类最低。虽然高价值客户单个收益较高，且这一群体带来的收入份额高于其数量的份额，但在移动通信业这一规模经济明显的行业中，大部分收入构成依然来自低价值客户。当然，运营商会为高价值客户提供各种优先的增值服务，保证这些群体的黏性。

对于政企行业客户，我们也可以考察一下高价值业务所带来的收入份额。与网络切片可以类比的是运营商为政企行业客户提供的专线产品，专线虽然也是通道服务，但对客户具有专门的保障，因而收入较高。

从中国移动2018年度业绩报告中可以看出中国移动专线与政企总收入对比，如图5-5所示。中国移动政企市场收入超过725亿元，而专线这一高价值业务收入为180.3亿元，占政企市场收入的比例将近25%。中国移动政企市场的产品非常丰富，服务700多万家政企客户，其中有多少客户选择专线不得而知，但专线这一高价值业务并未占据收入的大部分份额。大部分政企客户并不一定有为专线付费的能力和意愿，但有能力为其他低价格的政企产品付费。

类比网络切片，这一产品未来也将成为运营商产品列表中的高价值产品。当然，这一产品供给和需求的有限性，虽然带来较高的价值增值，但不一定占据运营商收入构成的大部分份额。

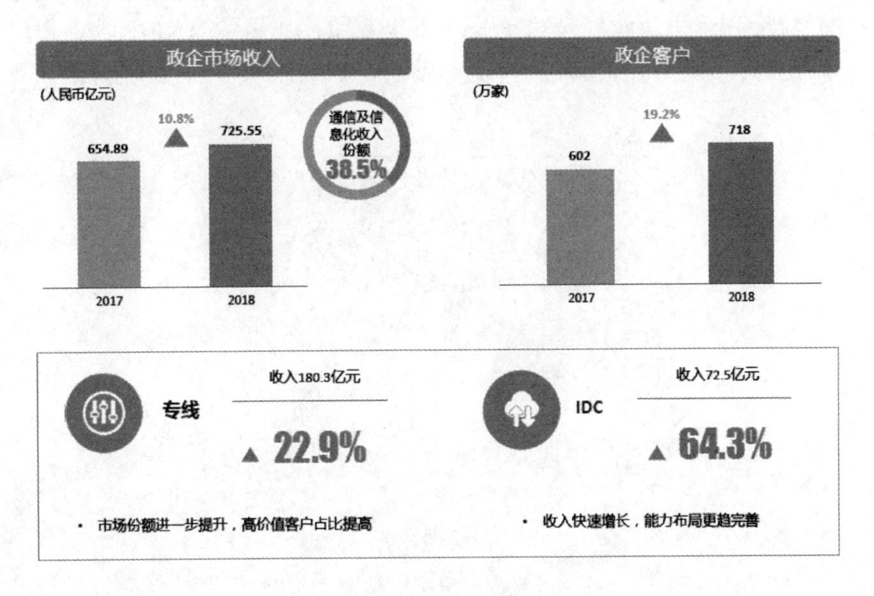

图5-5 中国移动专线与政企总收入对比

（来源：中国移动）

3. 无须夸大网络切片，5G还需要多样化的丰富产品

理论上来说，5G网络切片虽然能够为用户提供更高的通信保障，但它依然是管道业务，是一个更加智能化的管道。正如上一小节中的分析，5G作为国民经济各行业数字化转型的基础设施，只为少数用户提供高价值产品不可能形成5G总体收益的持续增长，在提供高价值产品的同时，也需要提供非常丰富的产品形态，惠及所有5G潜在用户，让大部分用户都能用得起，通过规模经济使整体收益增长。

丰富 5G 的“普惠”产品，除了增加面向大部分用户的产品数量，还可以扩大现有产品可覆盖的用户群体。从这个角度来看，对于一些高价值产品可以进行不同颗粒度的分级，让高价值产品形成一些“低配”版，进一步扩大用户数量。

就网络切片来说，在 SDNLAB 网站发布的《一文读懂网络切片》一文中提到，网络切片粒度按网络的隔离程度可以分层分级，如图 5-6 所示，分为 L0～L5 六级，在业务对网络 QoS（服务质量）要求相对不高时，共用网络资源（L5 粒度）会为运营商带来更高的成本效益；在需要高 QoS 业务保障需求时，需要逐步向 L0 粒度的切片策略演进，以获得更高的性能保障。

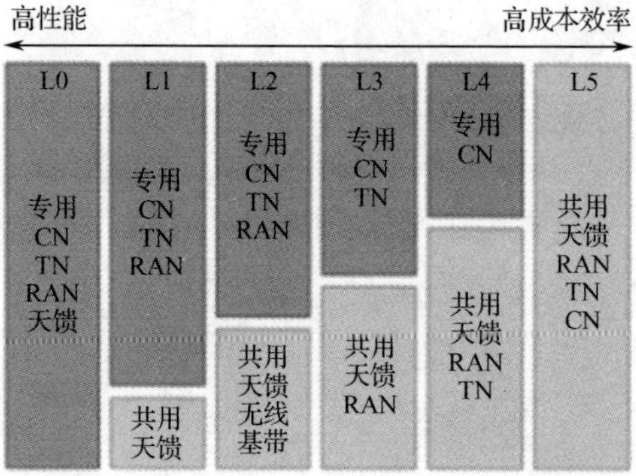

图 5-6　网络切片分层分级

（来源：SDNLAB）

可以看出，共用网络资源越多的切片等级，成本越低，能够覆盖的用户也越多。业界正在探讨网络切片 B2B、B2C、B2B2B、B2B2C 等多元化的商业模式，这些商业模式面对的也是各类对于 5G 网络确定性要求各异的群体，通过与网络切片等级的结合，形成大量差异化的切片商品，扩大了收入的来源。

举例来说，在 B2C 模式中，当某些游戏玩家为了保障云游戏流畅、体育爱好者为了保障 VR 观赛流畅时，可以订阅网络切片服务，但他们所订阅的切片无须具有专用的高性能等级，低成本的共用资源切片会是比较好的选择，类似的服务占用资源少、受众群体更多，可以形成一定规模效应，具有“准普惠”产品的特征；在 B2B 模式中，电网的精准负荷控制场景对于可靠性和业务隔离需求非常高，可能会订购 L0 级别的高性能切片，类似的服务需要占用较多优先级资源，受众群体也更少，因而是典型的高价值产品。

总体来说，5G 网络切片是行业应用的一个技术手段，但不是每一个行业应用都必须使用网络切片，5G 网络切片与 5G 赋能行业并不是等号的关系，因此无须夸大网络切片的商业价值。

5.3 边缘计算成为云计算厂商角逐 5G 的新战场

边缘计算作为 5G 的两大核心利器之一，成为保障 5G 网络时延 KPI 的最主要手段。不过，由于 5G 核心网云化和边缘计算的引入，以及云计算厂商在边缘计算的深入布局，使电信运营商和云计算厂商有了新的合作机会。可以说，5G 的商用给云计算厂商带来另一个新的竞争战场，即基于边缘计算的竞争。

5.3.1 云计算厂商不约而同因 5G 边缘计算与运营商结盟

2020 年 3 月，谷歌云宣布全球移动边缘云（GMEC）战略，该战略指出谷歌将提供与电信运营商共同构建的 5G 解决方案产品组合和市场：一个开放的云平台，用于开发以网络为中心的应用，以及用于最佳部署解决方案的全球分布式边缘基础设施。此后，谷歌云宣布与 AT&T 合作，提供由谷歌云和 AT&T 边缘网络支持的 5G 相关边缘计算解决方案组合。谷歌和 AT&T 还计划在整个网络边缘侧部署服务器，以补充谷歌庞大的区域数据中心，有效缩短响应时间。该服务最终还可以用于消费类设备，如虚拟现实和增强现实设备。

2019年12月，科技巨头亚马逊在其AWS re：Invent全球大会上发布了新的边缘计算平台AWS Wavelength，这一平台提供的服务可以满足5G无线网络几毫秒的时延需求，并让开发者直接在5G网络上实现边缘计算应用。亚马逊在发布这一平台的同时，还发布了与Verizon、沃达丰、SKT和KDDI四家全球主流电信运营商的合作计划，将AWS Wavelength边缘计算服务嵌入到这些运营商的5G网络中。

在此前的11月，AT&T宣布与微软Azure在云计算和边缘计算上开展战略合作。美国的三大云服务厂商都在5G时代开启了与运营商的边缘计算合作。

多个方面的事实显示，5G时代，IT能力与CT能力的融合，以及云、网、边、端的协同已成为5G落地必不可少的基础。谷歌云的一位高管表示：这是一场改变电信业的竞赛，电信运营商的业务将从单纯的连接提供商转变为全面的技术服务和平台提供商。不过，5G除了给运营商带来新机遇，对于云计算厂商，也确实是一个提升竞争力的新战场，谷歌云可以借此在亚马逊AWS和微软Azure领导的云服务市场获得一席之地。

5.3.2 从战略性退出到战略性拥抱，5G网络需求驱动

云计算厂商与多家运营商在边缘计算上的合作，成为运营商增强5G网络基础能力的一个重要举措，尤其是云计算厂商有成熟的、可快速落地的边缘计算平台能力。当然，在5G的驱动下，运营商与云计算厂商之间的关系发生了微妙的变化。

对于AT&T和Verizon两家美国运营商来说，它们对于云计算经历了战略性退出到战略性拥抱的过程。面对亚马逊、微软、谷歌的激烈竞争，美国运营商对于发展公有云的野心早已破灭。2016年，Verizon就将其29座数据中心以36亿美元的价格出售，2018年，AT&T以11亿美元的价格将其31座数据中心出售。而如今，这两家运营商分别拥抱此前云计算业务的竞争对手，其目标都是补齐和完善5G网络能力。

对于这两家运营商来说，与云计算厂商的战略性合作不只是落在纸面上的，而是已经开始落地探索。正如 Verizon 高管所说，Verizon 已经和 AWS 在这方面共同探索了 18 个月，双方在芝加哥与一家视频游戏厂商及美国职业橄榄球联盟开始了 5G 边缘计算的测试。同样，AT&T 也与一家名为 Game Cloud Network 的游戏厂商合作，采用微软 Azure 在网络边缘节点创建了一款独特的 5G 游戏，在这个游戏中，玩家可以实现实时的比赛。

沃达丰作为全球网络覆盖范围最广的运营商，与 AWS 的合作也是首次将 AWS Wavelength 边缘计算平台引入欧洲。值得注意的是，沃达丰与 AWS 合作的主体是 Vodafone Business，即沃达丰专注于企业业务的子公司，该公司管理着沃达丰全球 9000 万个以上的物联网连接，引入 AWS Wavelength 边缘计算平台在很大程度上是为 5G 行业应用和物联网应用服务的。

5.3.3 IT 和 CT 互补融合，5G 网络从管道向服务化跨越

MEC（多接入边缘计算 / 移动边缘计算）在打破以往网络和业务分离的状态中发挥了关键作用，为 5G 网络在管道之外注入了服务能力。IMT—2020 发布的《5G 网络架构设计》白皮书中已经提到了 5G 网络的 MEC 结构，如图 5-7 所示。

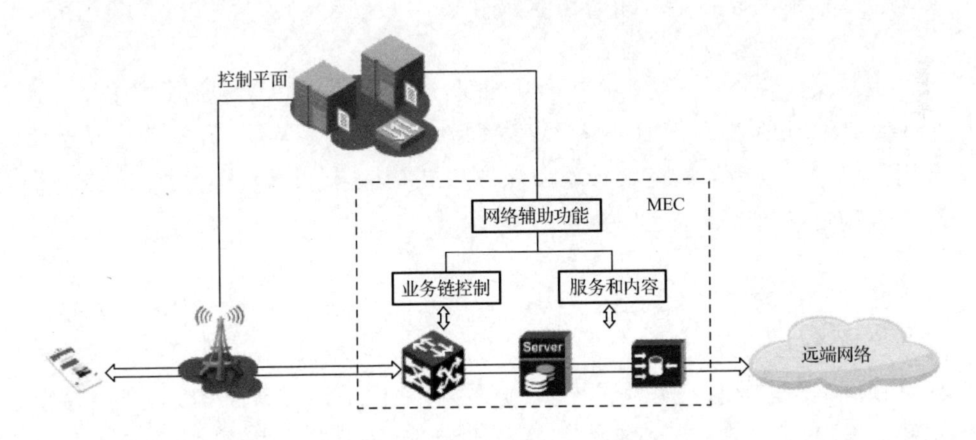

图 5-7 5G 网络的 MEC 结构

（来源：IMT2020）

其核心功能主要包括：

- 应用和内容进管道，即 MEC 可与网关功能联合部署，构建灵活分布的服务体系，特别针对本地化、低时延和高带宽要求的业务；
- 动态业务链功能，即 MEC 功能并不限于简单的就近缓存和业务服务器下沉，而且随着计算节点与转发节点的融合，在控制面功能的集中调度下，实现动态业务链技术，灵活控制业务数据流在应用间路由；
- 控制平面辅助功能，即 MEC 可以和移动性管理、会话管理等控制功能结合，进一步优化服务能力。

5G 网络时延已经能够做到较低，但在实际应用中，用户更注重端到端的时延，5G 终端访问云端资源，需要跨越多个网络节点，这个过程中可能会形成较高的时延，达不到用户业务要求的 KPI。

边缘计算功能部署比较灵活，可以选择集中部署，也可以分布式部署在不同位置。以 AWS Wavelength 为例，作为 AWS 的基础设施，可以将 AWS 计算和存储服务嵌入 5G 网络边缘及电信运营商数据中心的不同位置。借助 AWS Wavelength，AWS 开发者可以将其应用部署到 Wavelength 区域（Wavelength Zones）。因此应用流量只需要从设备到基站，然后就可以到达城域聚合站点中运行的 Wavelength 区域。

若开发者要将其应用部署到 5G 边缘，只需扩展其 AWS 虚拟私有云至一个 Wavelength 区域，然后创建 AWS 资源。在这个过程中，开发者可以继续使用其熟悉的 AWS 服务，管理、保护和扩展其应用，因此开发者能够快速运行各种对延迟敏感的工作负载。

IT 厂商面对通信业的封闭生态，一直以来都期望能够通过某种方式打破这种封闭，进入通信服务领域。可以看出，诸如 AWS 等云计算厂商在边缘计算领域具有非常便捷好用的平台和服务，而电信运营商拥有广泛的网络节点和边缘机房，在 5G 网络对于边缘计算具有很强需求的驱动下，双方优势资源的结合，使 IT 和 CT 互补融合得到实现，IT 厂商的能力在运营商网络即服务（NaaS）中得到充分体现。

5.3.4 云网边端协同，国内企业怎么做？

云网边端协同已成为业界共识，边缘计算嵌入 5G 网络的各个节点正是云网边端协同的一个纽带。国内 5G 产业生态的玩家们非常清楚边缘计算的重要性，不过国内 5G 与边缘计算的融合呈现出与海外不一样的场景。

作为专业的云计算厂商，推出边缘计算的产品是必不可少的。阿里云边缘计算技术负责人曾表示：阿里云的边缘计算正在层层前移，深入每一个计算场景，未来边缘计算将和云计算一样，成为无处不在的基础设施。而针对 5G 和边缘计算，他认为 5G 时代终端算力上移、云端算力下沉，将在边缘形成算力融合。这种趋同可以给多方融合、整合的机会，企业能够根据自己行业的特点和优势，在边缘计算领域建立一套新的生态系统。

理论上来说，云计算厂商可以将更多的云计算服务能力下沉至通信网络，而运营商则可以跟云计算紧密耦合在一起，提供更加高效、灵活的基础设施和网络系统，形成一种新的边缘计算服务能力。不过，国内边缘计算领域有多个玩家，包括云计算厂商、CDN 厂商、运营商、硬件和芯片厂商，他们都基于各自行业背景和优势，对外拓展边缘计算领域的相关布局，像海外市场中那样云计算厂商与运营商在 5G 网络业务上紧密合作的格局在国内还未形成。

在 2019 年中国移动全球合作伙伴大会上，中国移动的又一个大战略也浮出水面，作为中国移动 5G+战略的重要组成部分，中国移动重磅推出全新的“移动云”，其发展目标是三年内总投资规模达千亿元以上，进入国内云服务商第一阵营，移动云将作为中国移动对外提供云服务的唯一品牌。中国移动 5G 时代的云网边端都有布局，在公有云竞争的格局下，短期内可能很难与云计算厂商进行 5G 边缘计算的深入合作。

中国电信天翼云本身已经跻身国内公有云市场前三名，面对 5G 网络能力要求，当然不会在边缘计算领域出现空白。在 2019 年中国电信天翼生态博览会期间，天翼云正式发布了智能边缘云平台，目标就是针对 5G 网络的 KPI，做一朵离用户最近的云，包括智能边缘平台实现分省节点，进一步延伸天翼云上的第四级城市节点，使时延小于10毫秒，并在推进进一步延伸边缘节点，目标是使时延达到1～5毫秒。目前天翼云边缘计算服务主要支持园区、AR/VR和远程控制等场景。

对于运营商来说，边缘计算平台和服务部署的节点选择非常重要，这直接决定给用户提供的5G网络的使用体验。《中国移动边缘计算技术白皮书》中提到，从物理部署位置来看，边缘计算节点大致可以分为网络侧和现场级边缘计算两大类，图5-8对运营商边缘计算节点进行了总结。网络侧边缘计算部署于地市及更低位置的机房中，这些节点大多以云的形式存在，是一个个微型的数据中心；现场级边缘计算则部署于运营商网络的接入点，一般位于用户属地，大多没有机房环境，是用户业务接入运营商网络的第一个节点，典型的形态为边缘计算智能网关等CPE类设备。

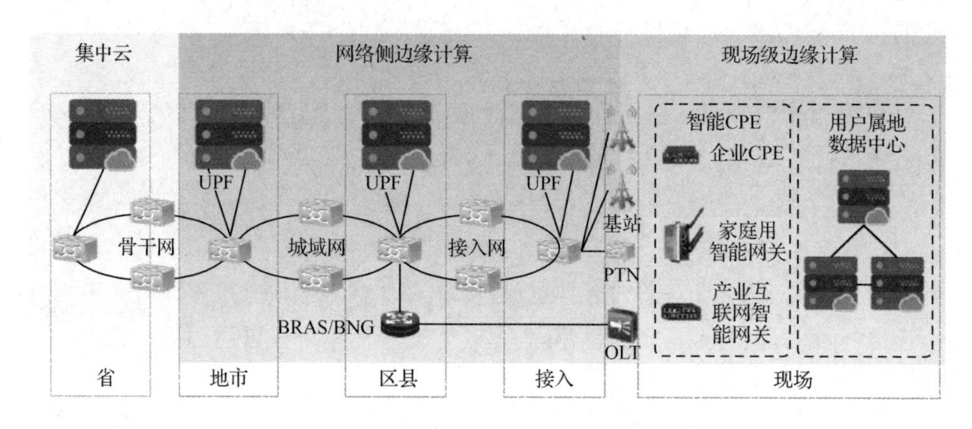

图5-8 运营商边缘计算节点

（来源：中国移动研究院）

不论是网络侧还是现场侧，边缘计算的接入节点是一个关键资源，而运营商正好拥有海量的接入点资源，包括现场侧网关和成千上万的各级数据机房，这些接入点距离用户业务比较近，而云计算厂商的资源节点布局往往远离用户应用场所，没有运营商边缘节点资源的辅助，采用5G网络很难满足时延敏感性业务的需求。这也许是国内运营商自有云计算在边缘计算领域具备的优势，能够将自身的边缘计算能力嵌入到自己的5G网络中。

当然，即使诸如Verizon和AWS这样紧密的合作，运营商也并未将边缘计算的所有能力部署交给云计算厂商。正如Verizon高管所说，AWS Wavelength只是安装到5G网络中的软件，用户可以基于此快速开发适用于边缘侧的应用，而计算资源依然是由Verizon来提供，AWS的开发者需要为这些计算资源付费。另外，Verizon并非与AWS独家绑定，该运营商未来也将推动“多云供应商”。可见，运营商在边缘计算方面也希望能够增强自身能力，避免被纯管道化。

不论是运营商与云计算厂商紧密合作部署边缘计算，还是运营商大包大揽自己完成部署，这些都说明边缘计算这一利器对于5G的重要性。虽然在这一过程中，不同群体会基于自身优势、利益关系走出不同道路，但IT与CT融合、云网边端协同已成为5G时代的共识。

5.4 开源生态5G新玩家对通信设备商发起冲击

5G时代，开放式无线接入网（OpenRAN）成为业界焦点，而且业界有观点认为这将是打破华为、爱立信等电信设备商格局的一个重要创新。OpenRAN通过软硬件解耦和接口开放化，打破了传统电信设备软硬件一体化、接口高度集成化的“黑盒子”式架构，使运营商可以采用来自不同供应商的软件、通用硬件来实现模块化混合组网，成为全球电信业关注的一个焦点。伴随着5G商用脚步的加快，关于OpenRAN的重磅消息也不断出现，其中不乏全球主流运营商的身影。

虽然OpenRAN的商用尚处于初级阶段，但它成功吸引了业界的目光，“颠覆、打破、威胁现有电信设备商格局”等观点开始不断涌现。开放式无线接入网为电信市场带来更多的选择性，有一定的引入竞争的作用，但笔者认为“颠覆、打破、威胁”现有的格局或许还为时过早。

5.4.1 主流运营商对OpenRAN的支持

沃达丰、西班牙电信等欧洲运营商是Facebook发起的电信基础设施项目（TIP）的积极参与者，尤其在无线接入网项目中发挥着引领者的作用。

此前，沃达丰已经在南非、土耳其进行了OpenRAN的试验，并在此试验经验的基础上开启了在刚果和莫桑比克的试验，由于这两个国家多为广阔的农村地区，而且处于联合国人类发展指数最低的地区，沃达丰计划通过OpenRAN为这两个国家部署2G、3G和4G网络，为这两个国家提供电话和数据服务。

2019年10月初，沃达丰宣布已经在英国启动了OpenRAN的首个欧洲试验，并可能扩展到欧洲大陆的更多市场。此举被认为是一个重要里程碑，因为这是沃达丰首次将OpenRAN带入发达地区， OpenRAN从理论走向了现实。

沃达丰对OpenRAN的态度非常积极，该公司CEO对此表示："我们对OpenRAN的试验感到满意，并准备在积极扩展供应商生态系统的同时将其快速推向欧洲。OpenRAN改善了网络的经济性，使我们能够服务到更多农村地区的人们，并支持我们建立人人都能享有的数字社会目标。"

沃达丰CEO的承诺很快便得到了兑现，仅过了一个多月，沃达丰在TIP2019年度峰会上就宣布了对欧洲14个国家共计超过10万个基站的集采计划。沃达丰要求所有参与竞标的供应商必须遵守O-RAN联盟的技术规范，以大幅度增加无线网络设备供应商的数量。

针对这10万个站点的招标，沃达丰高管表示这是这一行业除中国以外的最大的一次招标，而且他还表示："这对OpenRAN来说是一个形成规模的巨大机会，如果有必要，我们已经做好了替换站点的准备，我们的目标是在每个网站上都拥有现代化的、最新的、低成本的设备。"

与沃达丰遥相呼应的是中国的运营商。2018 年 2 月，在巴塞罗那召开的 MWC 大会上，由中国移动联合美国 AT&T、德国电信、日本 NTT DOCOMO 和法国 Orange 五家运营商成立了 O-RAN 联盟，其愿景是打造“开放”“开源”与“智能”的高灵活、低成本无线网络，围绕网络智能化、接口开放化、软件开源化和硬件白盒化等开展研究，旨在将下一代无线通信网络的开放性提升到新的水平。此后，中国电信、中国联通也成为该联盟的核心成员。

2019 年 11 月 9 日，开放无线网络测试与集成中心（OTIC）成立，由中国的三家运营商发起，业界 53 家公司共同参与。这一测试中心是为了在 O-RAN 联盟制定规范的同时，同步推动 O-RAN 产品的测试和成熟，通过制定并执行接口和集成等测试规范，推动无线网络产品及子系统设备符合 O-RAN 接口规范，并确保子系统基于 O-RAN 规范实现互联互通，满足功能、性能的指标要求。

此外，日本的新运营商乐天移动 2019 年开始部署一张全球首个基于“云原生”的 5G 网络，其中无线接入网采用了白盒基站并引入多家软件供应商，乐天移动于 2020 年 3 月开始发布首个套餐，这一套餐是无限流量套餐，相对于其他电信运营商，价格便宜了 50%。2019 年 TIP（Telecom Infra Project）峰会上，包括西班牙电信在内的多家运营商也宣布开启 OpenRAN 的规模化试验。

O-RAN 虽然与 OpenRAN 分属不同组织，但两者目标是一致的，技术路线和产业生态也类似。可以看出，全球主流运营商对于开放式无线接入网积极性非常高。

5.4.2 增加运营商议价能力，但撼动现有格局为时尚早

OpenRAN 里程碑式的事件不断出现，并不代表对现有电信设备供应商格局已造成冲击。关于 OpenRAN 的部署，请注意沃达丰 CEO 的表述：“使我们能够服务到更多农村地区的人们，并支持我们建立人人都能享有的数字社会目标。”OpenRAN 的使用，首要是对于农村、偏远地区的服务，以及达到普惠数字社会的目标，并不是为了给运营商现金流的客户提供服务。

沃达丰发布在英国开始 OpenRAN 规模化试验消息时，其新闻稿一开头就明确提出，发展 OpenRAN 将为沃达丰和电信行业带来：

- 引入新的 2G、3G、4G 和 5G 技术供应商，以提高供应链的弹性；
- 使用标准化、低成本的网络设备将世界上大多数农村地区连接到互联网；
- 扩大城市覆盖面，如使用沃达丰的 Open CrowdCell “小基站”技术。

这三个表述的关键词是供应链弹性、农村地区、小基站，可以看出，这家运营商目前对于 OpenRAN 的态度只是将其作为补充，并不是主流。

OpenRAN 前景很美好，但想在已经成熟的电信业市场中撬开一个新的空间，其落地过程中确实会遇到诸多壁垒，短期内难以撼动现有市场格局。

对于 OpenRAN 比较典型的质疑之一是成本真的低吗？采用通用硬件的白盒设备，看似设备投资有了大幅下降，从而降低了 CAPEX，但是 OPEX 可能会大幅上升。

华为对于白盒基站的态度非常明确，认为白盒与传统的无线设备之间存在巨大的性能差异，华为曾针对 4G 基站使用搭载通用 CPU 的白盒硬件表现进行研究，发现其功耗比传统无线设备高出 10 倍，未来 5G 基站更为复杂，如果采用搭载通用 CPU 的白盒硬件，其功耗可能更高。除了华为，诺基亚、爱立信也曾对白盒基站性能有过类似的担忧。

另外，OpenRAN 引入了多家设备供应商，在后续的维护中会造成更大的支出，虽然业界希望将人工智能引入无线网络维护领域，但无线通信网络复杂的环境，人工智能发挥作用还需要很长时间。CAPEX 下降的同时，OPEX 若大幅上升，这并不是一个经济性的生意。

况且，即使运营商大规模采用了 OpenRAN 设备，但所有这些无线接入网设备最终还需要核心网来管理，而核心网供应目前集中在传统通信设备厂商手中，OpenRAN 设备厂商还要依赖核心网厂商对其参数对接、接口开放才能发挥作用。在这一格局下，OpenRAN如何去“颠覆、打破、威胁”现有的通信设备市场格局？

我们注意到，沃达丰在对OpenRAN的描述中提到，该技术部分基于用于西班牙和土耳其的小基站技术。在国内运营商组织的OTIC成立大会上，中国移动的专家表示O-RAN白盒化小基站到2019年年底将具备商用能力，可以规划开展实验室测试和外出试验。实际上，在很多情况下，目前白盒化的无线接入网设备是小基站设备，而不是宏基站，这方面是现有通信设备商的天下。打破现有设备商宏站供应的格局，白盒化设备何时能做到？

不过，对于运营商来说，积极推进OpenRAN对提升其议价能力确实有一定的作用。沃达丰在其发布的新闻稿中明确提出：过去多年，全球电信网络设备的供应集中在少数几家公司，将来更多的供应商选择向所有移动客户提供服务，提高灵活性和创新性，而且更重要的是，有助于解决向世界各地农村和偏远地区提供互联网服务的一些成本问题。

或许这才是运营商积极推动OpenRAN的首要目的。虽然OpenRAN在技术、标准、商业模式等方面还无法向现有主流通信设备商发起挑战，但运营商至少拥有了新的选择性。在市场经济中，有更多的选择性是打破垄断、降低价格的主要条件，从而给采购者更多的议价能力。

理论上，从运营商视角来看，只要总体经营成本能够实质性下降，在双方性能差距不大的情况下，不论是采用专用无线接入网设备，还是开放式无线接入网设备，对于运营商都是无差异的。因此，在积极推动OpenRAN的发展中，运营商的态度在一定程度上给予业界尤其是现有通信设备厂商一个明确的信号，未来会引入更多的供应商，增加该领域的竞争性，现有设备厂商应该考虑降低价格供应。

目前运营商多在非关键性、非高端用户所在区域试验OpenRAN，对于现有通信设备格局的影响非常有限。不过，即使未来OpenRAN的采用率仅有不足10%，只要OpenRAN产业链逐渐成熟、性能提升，运营商就有了议价的底牌。

在全球大量运营商已经开始5G商用的背景下，接下来3～5年将是5G投资的高峰期。在这一时间段中，现有的通信设备巨头的产品已经准备就绪，但OpenRAN相关技术、产品和产业生态还在努力追赶中。这一轮5G投资高潮是否能够获得大规模红利？或许在下一代移动通信代际升级时（即6G时代），OpenRAN各方面都会准备就绪，届时再看看能否“颠覆、打破、威胁”现有的通信业格局。

5.5 5G私有网络为各行业领军企业带来新价值

对于5G新基建的探讨，提到较多的是电信运营商投资部署一张公共的5G网络。虽然运营商也规划通过网络切片技术，为用户提供类似于专用网络或私有网络的服务，但网络切片只是通过虚拟化技术提供的逻辑私有网络，并未实现物理隔离。从5G诞生之初至今，5G专用网络或私有网络的讨论和探索一直没有停止，而且离我们越来越近。

实际上，专用网络或者私有网络比公共网络历史更长，目前已在大量关键性行业中广泛应用。国民经济中存在很多行业有特殊的通信网络需求，如高度实时的监察、可视化运营、高安全性鉴权控制、安全生产监控、远程诊断、资产管理等，有些特殊的需求是公共网络统一标准化的服务无法满足的，包括资源型行业、电力生产传输、民航、铁路，以及一些制造业。这些行业中此前对于私有网络的探索，可以说对5G特定行业提供了一定经验。

另外，5G私有网络要想成为现实，首先需要有本地无线电频谱监管机构的许可。而且，商业模式要有可行性，私有网络供应商也需要多样化。

5.5.1 私有的 LTE 网络可被视为 5G 在特定行业中的重要先行者

针对关键性行业和业务的私有网络市场空间也比较大，如图 5-9 所示，根据市场研究公司 Harbor Research 的估计，到 2023 年将有 7.5 亿个物联网设备连接至私有网络，而 2017 年这一数字为 1.7 亿，年复合增长率将近 30%。虽然 GSMA 预测到 2025 年基于 NB-IoT 和 eMTC 的物联网连接数将达到 18 亿，私有网络物联网连接数与 NB-IoT/eMTC 相比不足一半，但其服务的是更为关键性的业务，背后获得的价值可能远高于 NB-IoT/eMTC 连接。

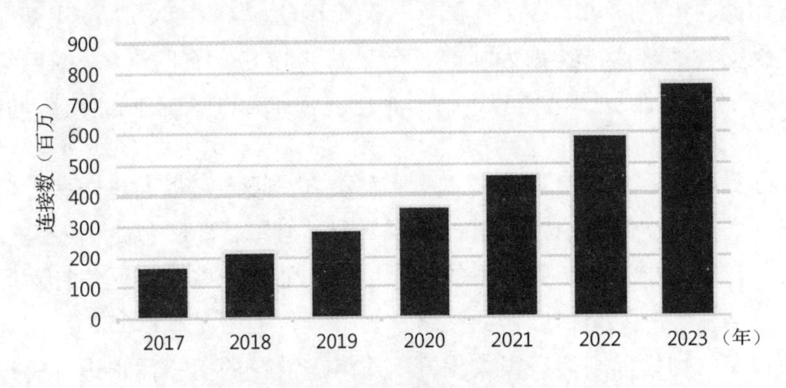

图 5-9 通过私有网络接入的物联网连接数

（来源：Harbor Research）

1. 电信运营商也对私有网络感兴趣

电信运营商是公共网络服务的提供商，私有网络多是由其他供应商来提供。不过，此前越来越多的运营商也开始考虑提供 LTE 私有网络服务，LTE 私有网络为运营商切入物联网业务提供了较好的机会，运营商将不仅是在卖物联网 Sim 卡连接。而且，私有 LTE 网络将带来不低的收入，Harbor Research 预测，从 2017 年到 2023 年，私有 LTE 网络形成的系统性收入将从 221 亿美元增长到 1185 亿美元，年复合增长率为 32.3%。

私有LTE网络不仅是4G网络的补充形式，而且已经是能够大规模商用的技术，虽然5G已经占据了各大行业展会的头条，但私有LTE网络也在各展会上低调亮相，在制造业等领域的很多场景中提供试商用和商用部署。

举例来说，在2019年的MWC上，虽然5G出尽了风头，但私有LTE网络也有不少部署，例如，在该次展会上爱立信宣布与运营商合作为制造业企业部署LTE私有网络，其中爱立信提供基础设备，运营商提供频谱和运营服务；诺基亚直接与自身拥有频谱资源的企业合作来部署LTE私有网络，其所展示的网络方案主要用于港口和汽车制造厂。运营商也在展示LTE私有网络方案，如德国电信展出其在工业园区的私有网络解决方案，为欧司朗的灯具生产提供支持；沃达丰计划为制造业企业提供LTE私有网络和5G网络切片的方案；Orange、西班牙电信等运营商也已有提供LTE私有网络服务的计划。

实际上，在私有LTE网络中，网络解决方案厂商可以通过一些专门的技术增强，来实现类似于5G需求的场景。例如，针对需要可靠性较高的场景，专门对此在相关指标中增强网络的可靠性；又如，一些私有网络针对时延进行优化。虽然不一定是标准化的网络部署方案，但若是朝着5G应用场景的方向进行专门优化，则会在很大程度上对5G潜在的用户需求进行验证，可以得出一些类似于5G的场景是否具有真实需求的结论。

2. 运营商切入私有网络领域的挑战

运营商为用户提供LTE私有网络面临着诸多挑战。在知名市场研究公司Analysys Mason看来，这些挑战主要集中在以下几个方面。

首先，与供应商之间的竞争。通信设备供应商已经在为企业直接提供基于LTE的私有网络方案，除了爱立信、诺基亚，国内华为、中兴、大唐等供应商都有端到端的专用网络方案，可以直接为大型企业部署私有网络。若运营商也提供专门的私有网络解决方案，则将直接与供应商形成竞争。

其次，对企业频谱资源的分配。无线电频谱资源非常宝贵，少数特殊行业拥有自有的频谱资源，这些频谱资源不同于非授权的公共频谱，它们具有专用性、私有性，并受相关法律法规严格保护。部分行业已有专门的私有网络，且存在频谱资源闲置的情况，此时对于其部署专用网络或私有网络提供了较好的便利，但运营商能否说服这些用户拿出频谱资源由运营商提供网络服务，确实是一个挑战。另外，部分行业私有网络也使用共享频谱或者非授权频谱，这些准公共产品的频谱资源规划也是一大挑战，如国内发布的《微功率短距离无线电设备技术要求(征求意见稿)》就对业界产生了广泛的影响，导致监管机构出台政策变得非常谨慎。

再次，商业模式。运营商针对物联网现有的主要商业模式是卖连接，如果提供端到端的网络解决方案，应该探索新的商业模式和合作方式。

5.5.2 频谱政策松绑，5G私有网络加速落地

大量私有网络也是采用3GPP标准部署的蜂窝网络，目前已有多种形式，包括私有的低功耗广域网络（LPWAN）、基于LTE的宽带无线专用网络和5G专用网络，这些网络与公共网络在物理上隔离，专用网络专用能够实现安全性和服务保障。虽然网络切片也能提供类似专用网络的体验，但一些行业用户依然愿意自建私有网络。频谱政策和技术的发展是5G私有网络发展的最重要因素之一。

1. 私有网络的多种频谱使用类型

私有网络的频谱使用方式一般有三种类型：专用频谱、共享频谱和非授权频谱。

专用频谱一般包括两种方式：第一种是私有网络运营商自己获得监管机构颁发的专用频谱牌照，第二种是在一些特殊的地理范围内使用公共网络运营商的频谱。第二种方式在操作中有一定的复杂性，因为首先要保证这些地域没有公共网络用户的接入，其次是需要公共网络运营商频谱牌照的二次授权，不过，这样的方式可能给公共网络运营商带来一些新的收入，如帮私有网络运营商部署、运营、优化网络，毕竟公共网络运营商这方面经验非常丰富。

采用专用频谱，尤其是第一种方式的专用频谱已有很多实践，电力、民航、铁路、公安等很多行业都采用专用频率自行部署过行业专用网络。未来更多企业若想部署5G私有网络的最大难点是专用频谱获取难度大，目前很多国家在这方面开始出台一些政策，增加私有网络专用频谱的可用数量。当然，专用频谱毕竟非常稀缺，因此共享频谱和非授权频谱也将派上用场。

共享频谱是一种“轻授权”的频谱使用方式，一些国家监管机构会出台共享频谱使用制度，行业用户可以采用共享频谱部署其私有网络。全球多个国家和地区都出台了共享频谱政策，一些厂商也开始共享频谱的实践，这方面并非从零开始。

蜂窝网络很早就将频谱使用规划延伸至非授权频谱。早在4G阶段，业界就对LTE-U进行过探讨和实践，让LTE网络部署在非授权频谱上。3GPP在5G标准制定中也考虑到了充分利用非授权频谱的技术。在专用频谱、共享频谱获取困难的情况下，5G私有网络运营商也将目光投向了非授权频谱，当然非授权频谱作为公共资源，更多机构可以公平接入，但需要更精细的频谱规划技术，减少相互之间的干扰。

采用不同频谱接入方式部署的私有网络，其功能可能会有一定的差异。举例来说，采用非授权频谱部署的私有网络，其应用场景一般是无须支持uRLLC（低时延高可靠）的场景，而采用专用频谱部署的私有网络，其应用场景包含了5G的所有场景，uRLLC可能是其最为看重的场景。

2. 频谱政策加持，海外5G私有网络蠢蠢欲动

各种频谱使用方式仅有在技术上的成熟，不能驱动私有网络的大规模部署，还需要政策的支持。目前一些国家面对5G商用的前景，在频谱政策上较以往更为创新和开放，给5G私有网络的快速发展提供了政策保障。

||英国5G私有网络频谱政策

此前，英国通信管理机构Ofcom的CTO提出“发展数千个5G网络运营商，向这数千个运营商出售5G频谱”。具体来说，就是将英国3.8～4.2 GHz

频段里的390 MHz划分成多个频谱块，出售给需要自建5G网络的运营商。这种方式可能会进一步加剧频谱的碎片化，不利于频谱效率提升，因此没有被采纳。

2019年7月25日， Ofcom官方网站正式发布公告《通过本地许可使能无线创新》，开放了以下两类无线电频谱接入许可：

- 共享接入许可，该许可方式将4段频谱作为本地私有网络和共享网络频段，企业可以申请专用频段，这些频段将不会作为全国性公共网络频段进行拍卖；
- 本地接入许可，该许可方式允许其他用户使用运营商已获得牌照的频段，使用的前提是运营商还未使用该频段。

第一种许可方式包括以下4个不同的频段：

- 1800 MHz共享频段，包括1781.7～1785 MHz及1876.7～1880 MHz；
- 2300 MHz共享频段，包括2390～2400 MHz；
- 3.8～4.2 GHz共享频段；
- 24.25～26.5 GHz共享频段。

这4个频段面对的网络场景可以总结为表5-1所示内容。

表5-1 英国分配的专用网络频谱场景情况

应用场景	1800 MHz共享频谱	2300 MHz共享频谱	3.8～4.2 GHz	24.25～26.5 GHz
私有网络	窄带	√	√	室内
移动覆盖（农村）	√	部分区域	×	×
移动覆盖（室内）	√	√	×	√
固定无线接入	×	×	√	√

来源：Ofcom

在共享接入许可方式下，企业可以申请专用频谱，包括中小企业和创业企业。在这一频谱政策下，企业和其他机构可以自建本地私有网络。

第二种许可方式涉及公共网络运营商已获得授权的频谱，私有网络运营商申请这些频谱的前提是公共网络运营商在特定区域尚未使用，或者还未规划使用这些频谱。这一政策影响到了英国运营商的多个频段，包括800 MHz、900 MHz、1400 MHz、1800 MHz、1900 MHz、2100 MHz、2300 MHz、2600 MH和3.4 GHz中空闲的部分。

这种二次授权的方式仍然由Ofcom组织，需要在频谱牌照持有者许可的前提下进行，私有网络运营商需要证明其本地网络不会对公共网络及公共网络未来规划造成干扰。这种频谱许可方式主要适用于特定区域，例如，人口稀少的农村地区，独立的工业场景，包括采矿、海上作业等，这些场景是公网运营商很少提供服务的区域。

‖德国5G私有网络频谱政策

早在2019年年初，德国联邦网络局就发布了供本地使用的5G频率框架条款，决定将3700～3800 MHz频段内的频谱预留给工业自动化、农业和林业等领域的应用，并将根据申请进行分配，无须进行拍卖。此政策发布后，大众汽车、戴姆勒、西门子、巴斯夫等工业巨头都表示对私有5G网络感兴趣。该段频谱的申请在2019年下半年开始。

德国这一政策压缩了公网运营商可获得5G频谱的空间，在此后举行的5G频谱拍卖中，5G频谱拍出65亿欧元的高价，远高于预期的30亿～50亿欧元。德国电信的一位高管表示："此次拍卖留下了苦涩的余味，结果是我们的网络建设将会受到抑制。"可以看出，5G私有网络已经开始对公共网络运营商造成压力。

较低的频谱使用费也是促进5G私网快速落地的重要因素，德国5G私网频率使用费的计算公式为

$$1000+B\times t\times 5\times（6a_1+a_2）$$

其中1000欧元是基本费用，B是带宽（10～100 MHz），t是持续时间（年），a_1和a_2是面积（平方千米），按定居区和交通基础设施面积（a_1）和其他区域（a_2）予以区分。

与德国运营商拍卖100 MHz公网频率需要花费数十亿欧元相比，这一费率非常低廉。根据德国私网频率使用费，西门子在巴伐利亚州安伯格工厂约20万平方米的区域部署5G私网，仅需支付5500欧元，就获得了3700~3800 MHz频段上100 MHz频率10年的使用权。

‖美国5G私有网络频谱政策

美国市场也不例外，比较典型的是美国对CBRS（公民宽带无线电服务）的政策。美国联邦通信委员会（FCC）已经建立了一个三级频谱共享接入的框架来分配3550～3700 MHz频段的频谱，即已有业务、优先接入（PAL）和普通授权接入（GAA）。

图5-10总结了CBRS三级体系，在该体系中，第一级指该频段已存在的业务拥有最高优先级，将获得CBRS最高等级的保护，保障其使用不会受到干扰，包括海军、生物保护、卫星互联网供应商等；第二级是优先接入（PAL），将获得一定程度的保护；第三级是普通授权接入（GAA），不受任何干扰保护。美国联邦通信委员会引入新的第二级和第三级频谱规划架构，目的就是在共享接入条款下，让非授权的CBRS频谱可用于企业和私有网络接入。此前，美国通用电气（GE）曾向美国联邦通信委员会施压，希望将该频段用于公用网络。

3．中国对于5G私有网络频谱的政策如何

2020年之前，国内在私有网络频谱方面似乎动静不大，但在一些领域可以看到端倪。2018年5月，工业和信息化部发布了《工业互联网发展行动计划（2018—2020年）》（以下简称行动计划）和《工业互联网专项工作组2018年工作计划》（以下简称工作计划），其中也有工业互联网频谱方面的规划内容。

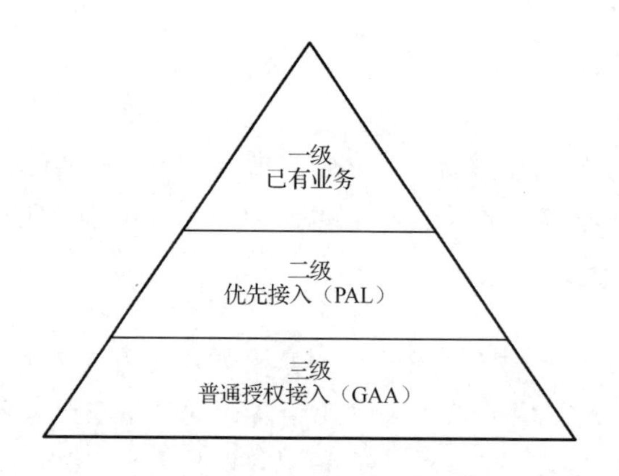

图 5-10 美国 CBRS 三级体系
（来源：CBRS）

行动计划中提出加大工业互联网领域无线电频谱等关键资源保障力度，研究工业互联网用频率场景和频率需求，制定完善工业互联网频率规划和使用政策。

工作计划中提出加快 5G 工业互联网频率使用规划研究，制定 5G 系统中频段频率使用许可方案；提出 5G 毫米波部分频段频率使用规划方案；调整完善 800 MHz 等专用网络频率使用政策。

虽然没有提及 5G 私有网络，但这一文件的发布，促进了业界对于工业互联网专用频谱的讨论，有观点认为为工业互联网分配专用频谱是大势所趋。

2020 年 3 月，工业和信息化部发布了《关于推动 5G 加快发展的通知》，首次公开提出“开展 5G 行业（含工业互联网）专用频率规划研究，适时实施技术试验频率许可”，我国的 5G 私有网络频谱正式起航。

5.5.3 多形态部署方式，5G 私有网络为垂直行业服务

在 5G 商用过程中，针对各行业的“网络即服务”方案已经在探索中，5G 网络服务不再是一个同质化的产品。就 5G 私有网络来说，由于各类技术的进步，未来行业用户可能会拥有完全私有专用网络、私有接入网两种类型的网络，而网络切片也可以说是一种类似于私有网络的形态。

1. 新的5G网络运营主体：垂直行业领军企业

与以往移动通信标准类似，全球主流的电信运营商是5G网络运营的核心玩家。然而，随着各垂直行业对5G认识的加深，5G网络运营商也可能迎来新的玩家，很多垂直行业厂商或将成为新的5G网络运营商。这些新主体中，包括汽车制造商、工业巨头等。

‖一个典型的5G私有网络

2019年6月，德国汽车公司梅赛德斯-奔驰与Telefonica及爱立信合作，在其位于辛德芬根的“56号工厂”建设全球首个用于汽车生产的5G网络。该工厂占地面积超过20000平方米，5G移动通信标准将首次在奔驰工厂投入生产运行，未来“56号工厂”的经验将用于其他工厂。

作为一个创新项目，奔驰公司正在试图让5G助力汽车智能生产。根据奔驰公司高管所述，利用5G网络，奔驰公司可以借助新功能优化其工厂现有的生产流程，如装配线数据连接和产品跟踪。在奔驰公司看来，有了独立的网络，所有流程都可以优化，使生产更加稳健，并能迅速适应当前的市场需求。此外，该网络将生产系统与机器智能连接，可以提高生产过程的效率和精度，同时不必向第三方提供敏感的生产数据。由于5G网络高速率、低时延、高可靠的特性，通过5G网络可以快速处理未来汽车各种测试场景所需的大量数据，使奔驰公司在新车研发中保持领先。

该5G网络由Telefonica和爱立信合作搭建，但是建设和调试完成后，将由奔驰公司自行运营。因此，这家汽车龙头企业也拥有了一个新的身份：5G网络运营商。不同的是，该网络仅供奔驰公司自身生产经营所用，不对外提供服务。

无独有偶，也是在2019年6月，爱立信、沃达丰和德国电动汽车制造商e.GO合作，采用爱立信的私有网络解决方案，包括5G核心网和接入网，为e.GO亚琛工厂部署私有5G网络。该网络覆盖了e.GO亚琛工厂8500平方米的范围，采用36组天线，实现生产供应链中几乎实时的数据传输。在e.GO高管看来，5G网络的加持，是该企业实现工业4.0的重要举措。当然，该网络部署后运营权也是归e.GO公司的，因此这是另一家拥有5G网络运营商身份的汽车制造商。

与奔驰公司类似，大众、西门子、博世等厂商也已经向德国联邦网络局申请专用频段，并开始了5G私有网络的测试和部署，行业龙头企业成为5G私有网络运营商的情况会越来越多。

2. 电信运营商的新职能：帮其他企业成为运营商

由于频谱的稀缺性，最终能够获得专用频谱的厂商非常少。不同于少数可以获得专用频谱的大玩家，大量企业不可能拥有专用频谱资源，但却有专用网络的需求，也需要一张自主可控的网络来支撑自己的生产经营流程。在这种情况下，电信运营商的频谱资源、核心网能力、网络运营经验等就能发挥作用，帮助其他企业成为一个“准5G运营商”。

电信运营商提供一些通用的资产和能力，作为“准5G运营商”的垂直行业企业只拥有5G网络的部分资产和能力。这里的通用资产和能力，是电信运营商拥有的频谱资源和核心网。想自己搭建和运营5G网络的垂直行业企业只需自己购买基站部署接入网，租用电信运营商的核心网和频谱，最终形成一个行业专用网络。这种情况下，垂直行业企业拥有的就是“私有接入网”。

由于垂直行业企业难以获得专用频谱，电信运营商拥有无线电频谱牌照，企业在租用频谱资源部署自己的接入网时，不一定也要部署独立的核心网，因为部署核心网成本太高，而且运营商只租赁频谱的话，容易造成频谱碎片化，无法协调处理各家厂商无线电频谱干扰的问题。

此时，云化核心网就发挥了作用，随着网络功能虚拟化（NFV）的发展，云化核心网已具备商用的条件。核心网与基站的解耦，让企业不需要购买包含基站和核心网的整套设备，运营商提供一个统一的核心网，企业自行建设基站，接入到云化核心网上。运营商统一的云化核心网和频谱租赁，通过云化核心网使能网络管理的功能，可以协助每一家企业快速搭建自己的专用网络，而且能够解决频谱碎片化问题。另外，电信运营商拥有的网络规划、部署、运营的经验，可以在垂直行业企业搭建和运营自己网络时提供相关服务。

在这种情况下，电信运营商就成为“运营商的批发商”，可以快速帮助其他企业成为5G运营商，并帮助其他企业有效地运营5G专用网络。对于电信运营商来说，面对行业客户若采取这种方式，则是一种轻资产的运营模式，因为站址、基站等重资产的投资都由行业客户自行解决，运营商的核心网和频谱虽然单次建设投资巨大，但随着租赁的用户越来越多，其边际成本会越来越低，而边际收益越来越高。运营商可以探索“网络即服务”的商业模式。

当然，完全私有专用网络、私有接入网虽然给垂直行业企业带来高可靠性、高安全性和自主可控的网络服务，但毕竟自身需要投资大量重资产，并非所有行业企业都有这样的实力。因此，5G时代给垂直行业提供成本低且类似于专用网络的服务成为电信运营商的一个重要任务，这一服务最典型的就是网络切片。前文已对网络切片做过详细介绍，网络切片虽然不是5G私有网络，但可以与私有网络做一个对比。

3. 三种模式的对比

完全私有专用网络、私有接入网、网络切片面对的是不同用户群体，这些群体通过对网络需求和资金实力的评估来决定最终选择哪种模式。不过，不同模式会形成不同的利益分配，尤其是电信运营商在不同模式中会有角色的变化。表5-2对5G专网三种模式进行了对比。

表5-2 5G专网三种模式对比

模　式	完全私有专用网络	私有接入网	网络切片
资产和能力	● 企业：拥有频谱、核心网、基站等整套网络资产，为自己生产经营提供全套5G能力 ● 运营商：无参与	● 企业：拥有接入网资产，租用运营商频谱、核心网，在运营商的帮助下为自己生产经营提供全套5G能力 ● 运营商：提供频谱、核心网租赁，协助企业建设并运营5G专用网络	● 企业：根据自身业务需求，向运营商定制网络切片服务 ● 运营商：拥有5G网络所有资产，开展网络运营，为企业定制网络切片服务

续表

模　式	完全私有专用网络	私有接入网	网络切片
运营商收益	无收益	核心网和频谱租赁收益，网络部署和运营服务收入	定制化网络切片收入
企业成本	拥有所有网络资产，成本非常高	仅自建接入网，其余资产租赁运营商，成本中等	无须自建任何网络基础设施，成本最低

对于完全私有专用网络来说，垂直行业企业会花费较大成本，拥有所有网络资产，电信运营商基本无法参与其中，这种情况使得运营商对此模式有一定的顾虑。这一顾虑也对其合作伙伴产生了影响，爱立信曾表示为垂直行业大客户提供专用网络的产品可能会影响与电信运营商的关系。当然，由于投资巨大，而且专用频谱申请难度较大，在很多国家仅给少数有特殊需求的行业开放，因此只有少量厂商能够有实力搭建完全私有专用网络。

私有接入网方式或许将成为5G时代一个特有的趋势，因为云化核心网、开源基站等加上运营商频谱租赁大大降低了企业建设专用网络的门槛，运营商在这一过程中也能获得租赁收入和服务收入，而且能够轻资产撬动大量客户，因此对于各方利益都能兼顾。实际上，过去几年中物联网领域的大量厂商采用LoRa技术部署私有的物联网专用网络，使LoRa成为一个事实标准，就是因为类似的云化核心网、廉价基站和低成本公共频谱降低了建网门槛。

当然，网络切片是拥有更多行业客户的服务形式，毕竟用户可以用最低成本，获得类似于专用网络的体验。随着5G的成熟，网络切片成本逐渐降低，国民经济各类行业会将网络切片作为一个常态化的服务形式。

总体来说，面对国民经济各垂直行业，5G能够支撑各行业数字化转型、物联网接入的网络服务将有多种形态。作为包容性很强的新一代通信标准，或许未来5G商用中会带来不限于这三种，更为丰富的网络服务形式，这正体现了业界对“网络即服务”的探索，也是未来新的商业模式的源泉。

第6章

低功耗大连接，5G 物联网先行者

2016年6月，3GPP冻结了NB-IoT首个标准，第一个专用于物联网的蜂窝网络问世。随着3GPP对5G标准的推进，5G标准全球大一统的格局已经形成，NB-IoT也逐渐被纳入5G家族中，成为5G mMTC场景中的核心组成部分。2016年至今，4年的时间，业界见证了NB-IoT的成长过程，由于NB-IoT标准制定的初衷是满足物与物通信的需求，它从诞生之初就面对各垂直行业的场景，这和5G赋能垂直行业不谋而合。因此，过去4年里，NB-IoT也成为5G面对低功耗大连接物联网场景的先行者，为未来5G向各行业应用积累了经验。

6.1 NB-IoT已正式成为5G标准

2018年5月3GPP在韩国釜山召开会议，讨论5G首个独立部署（SA）标准，此次会议引起了业界广泛关注。不过，这一标准未涉及低功耗大连接的物联网场景，与此前预期并不一样。会议几周后，GSMA发布报告《5G未来中的移动物联网》，指出以NB-IoT/eMTC为代表的移动物联网（M-IoT）是未来5G物联网战略的组成部分，澄清已开始商用的NB-IoT/eMTC和未来5G的关系，指出接下来几年中5G低功耗大连接仍然主要依赖NB-IoT和eMTC的演进，在一定程度上为业界揭示了NB-IoT/eMTC纳入5G大家庭中的趋势。

6.1.1 吸纳NB-IoT和eMTC进入5G物联网家族中

众所周知，5G主要涵盖了三大场景：增强移动宽带（eMBB）、高可靠超低时延（uRLLC）和大规模机器通信（mMTC）。其中uRLLC和mMTC是面向物联网的应用需求，mMTC就是针对未来海量低功耗、低带宽、低成本和时延要求不高的场景所设计的。不过，从2018年3GPP制定5G标准的进展来看，mMTC的标准是争议最大的一个领域。根据此前5G标准的计划，2018年6月完成独立组网的标准，2019年年底R16版本出台（后来推迟至2020年

6 月），完成满足国际电信联盟（ITU）全部要求的 5G 标准，但早在 2018 年年初，这一计划就存在一些争议，争议的焦点就在大规模机器通信标准上。

2018 年 3 月 19—22 日在印度金奈召开的 3GPP 无线接入网第 79 次全会上，针对 R16 的提案中，全会明确了 R16 版本 5G 新空口不会对低功耗广域物联网的用例进行研究和标准化，低功耗广域物联网用例将继续依靠 NB-IoT 和 eMTC 的演进。也就是说，eMTC 将会严格按照 ITU 此前计划的愿景和需求进行标准化，在 R16 版本中并不会另起炉灶。

既然在 R16 中对 mMTC 的场景标准化计划不会另起炉灶，但面对已经产生的低功耗大连接的物联网需求，总要有相关的技术来支持，于是同由 3GPP 主导的蜂窝通信标准和已经有一定的商用验证的 NB-IoT 和 eMTC 及其未来的演进就被吸纳进 5G 物联网家族中。

前文中多次强调，5G 的革命性不仅在于它涵盖更多应用场景和更复杂的技术，还在于它有更强的包容性，因此 5G 的核心之一是能够支持、兼容多种接入技术，如卫星、WiFi、固网和 3GPP 其他技术，实现互操作，达到服务于大量不同用例的目的，这也为同为 3GPP 技术标准的 NB-IoT、eMTC 成为 5G 组成部分创造了条件。

当然，将 NB-IoT 和 eMTC 纳入 5G 物联网家庭中并非 3GPP 单方面决定的，3GPP 针对国际电信联盟（ITU）的要求进行了多次评估。一般来说，ITU 提出 5G 的愿景和需求，3GPP 组织全球主要厂商推进标准规范的工作，满足 ITU 提出的 KPI 要求，最后由 ITU 将其采纳为国际标准。3GPP 曾向 ITU 提议 NB-IoT 和 eMTC 可满足 ITU 对 5G 物联网所提出的要求，并就此进行了大量的评估研究，在 3GPP 无线接入网第 79 次全会上，3GPP 提议低功耗广域物联网用例会继续依靠 NB-IoT 和 eMTC 的演进。

2018 年在希腊雅典召开的 3GPP 会议上，相关企业就提交了针对 NB-IoT 和 eMTC 满足 5G mMTC 连接密度的需求评估报告，相关报告的结论显示 NB-IoT 和 eMTC 满足了 ITU 提出的 5G mMTC 连接密度的需求，这给 NB-IoT 和 eMTC 纳入 5G 物联网家族打下了基础。图 6-1 为两份评估报告封面的主要部分。

3GPP TSG-RAN WG1 Meeting#92 **R1-1802529**
Athens, Greece, Feb 26th – March 2nd, 2018

Source: Ericsson
Title: IMT-2020 self evaluation: mMTC connection density for LTE-MTC and NB-IoT
Agenda Item: 7.7
Document for: Discussion

3GPP TSG RAN WG1 #92 Meeting **R1-1801796**

Athens, Greece, 26th February – 2nd March 2018

Agenda Item: 7.7
Source: Huawei, HiSilicon
Title: Consideration on self evaluation of IMT-2020 for mMTC connection density
Document for: Discussion

图 6-1 NB-IoT 和 eMTC 满足 5G mMTC 需求的评估报告封面的主要部分
（来源：3GPP）

如图 6-2 所示，2018 年 3 月，Sierra Wireless、爱立信、Altair 等 20 家知名企业联合发布了 LTE-M（eMTC）满足 5G 要求的评估报告，报告从单位容量带宽需求、数据速率、消息时延、电池寿命等多方面进行评估，结果显示 eMTC 的性能完全符合 ITU 提出的 5G 物联网的需求。

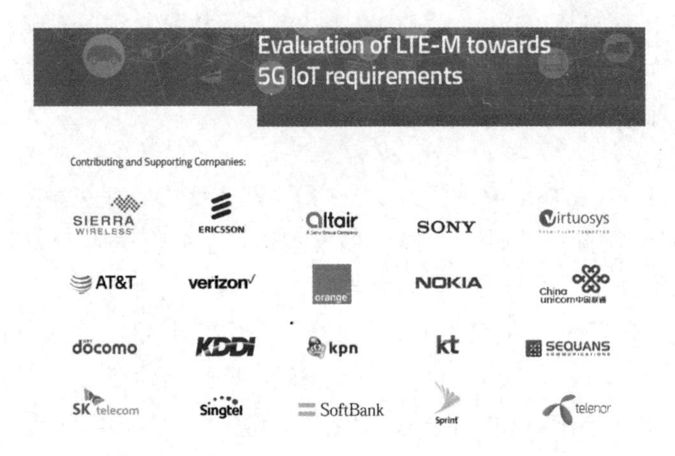

图 6-2 LTE-M（eMTC）满足 5G 物联网需求的评估报告联合企业
（来源：Sierra Wireless）

除了低功耗大连接场景，5G 还有很多组成部分将更快实现标准化并商用，因此 NB-IoT 和 eMTC 需要和 5G 的其他技术长期共存。3GPP 对此所做的工作之一就是支持NB-IoT和eMTC在5G NR带内部署，如6-3所示。

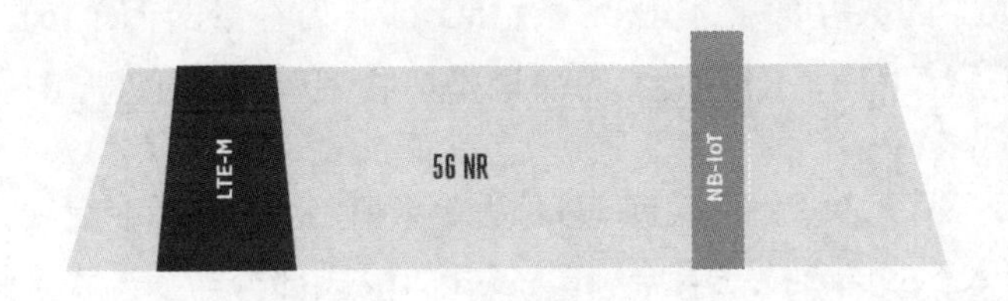

图6-3 支持5G NR带内部署

（来源：GSMA）

另外，为了实现5G系统侧对NB-IoT和eMTC的支持，3GPP在2018年4月份的报告中开始调研5G核心网支持NB-IoT和eMTC的无线接入网，这样就能保证运营商在保留NB-IoT和eMTC网络部署的情况下向5G NR平滑升级。图6-4为5G核心网支持NB-IoT/eMTC的研究报告封面。

3GPP TR 23.724 V0.3.0 (2018-04)

Technical Report

3rd Generation Partnership Project;
Technical Specification Group Services and System Aspects;
Study on Cellular IoT support and evolution
for the 5G System
(Release 16)

图6-4 5G核心网支持NB-IoT的研究报告封面

（来源：3GPP）

经过大量的评估和在标准化上的努力，NB-IoT和eMTC及其演进已成为5G物联网的组成部分，而且在接下来很长一段时间内，基于蜂窝网络的低功耗广域物联网应用将主要依靠NB-IoT和eMTC承载，在3GPP看来NB-IoT/eMTC可以纳入5G家庭。

总体来说，正如上文的分析，3GPP 在 R15 协议制定过程中，认真做了 NR 与 NB-IoT 的共存部署方案，确保 5G 部署后存量的 NB-IoT 终端业务不受影响。在后续 R16、R17 版本的演进中，将 NB-IoT 演进方向也纳入其中。

2019 年 7 月，3GPP 正式向 ITU 提交 5G 候选技术标准提案，NB-IoT 技术被正式纳入 5G 候选技术集合，作为 5G 的组成部分与 NR 联合提交至 ITU。

2020 年 7 月 9 日，最终尘埃落定，ITU-R WP5D 会议对国际移动通信系统（IMT）做出重大决议，一个重要亮点是 NB-IoT 和 NR 一起正式成为 5G 标准。

6.1.2 NB-IoT 满足 5G mMTC 要求，是成本收益下最优的选择

3GPP 做出决定将 NB-IoT 纳入 5G 家族中，笔者认为这是在现有条件下做出的最有利选择。虽然 5G 标准由 3GPP 专家推动，但 5G 的规模化商用最终还是需要规模化需求的驱动，同样，支持三大场景的 5G 标准化的顺序在很大程度上也有需求驱动的因素。

1. 增强移动宽带有规模化商用基础，率先冻结

2017 年 12 月冻结的非独立组网标准和 2018 年 5 月冻结的独立组网标准，面对的场景主要是增强移动宽带（eMBB），这部分标准的率先完成在很大程度上是因为增强移动宽带的需求相对于低时延高可靠和低功耗大连接更为明显，更早有规模化实现的可能性。

在过去数年中 4G 网络商用带来移动宽带（MBB）的规模化需求和大量用户，实现流量爆炸式增长，推动芯片、终端等产业链各环节的繁荣。基于 MBB 的长期积累和用户对大带宽的需求，eMBB 对带宽和速率进一步升级，实现了更好的用户体验，满足了超高清视频、AR/VR、远程会诊等应用的需求，从这个角度看 eMBB 场景既有原来积累的基础，又有新的需求，因此推动 eMBB 的快速标准化和商用很有意义。

2．NB-IoT 本身就符合低功耗大连接特性，无须重复造轮子

4G 的移动宽带已有多年规模化积累和需求验证，5G 时代的增强移动宽带发展有一定的经验可循。但是，作为新兴的低功耗大连接物联网需求，在过去多年中根本没有规模化商用的积累，对未来的需求仍然停留在各种预测的数据上，那么推进其标准化和商用显得并不是那么迫切。在笔者看来，这是 3GPP 决定不在 R16 中另起炉灶，并将现有的 NB-IoT 标准纳入 5G 物联网中的一个重要原因。

从市场状况看，在 NB-IoT 标准 2016 年冻结到 2018 年的 2 年时间里，业界还未看到采用该技术的物联网应用实现爆发式增长，低功耗大连接的场景没有实现规模化需求的积累。试想一下，当 NB-IoT 面对的物联网场景还没有形成规模化的时候，与 NB-IoT 类似的 5G mMTC 会有规模化的场景吗？当在实际商用中，NB-IoT 已经商用的终端数量并不多，距离其规划的容量还有天壤之别时，实现每平方千米 100 万终端大容量的新的 5G mMTC 标准又有什么意义？

从产业链的成熟度角度来看，如果计划的 5G mMTC 需要通过一些更新的技术来实现低功耗大连接的目标，这势必会对产业链提出新的要求，芯片、模块、基站、终端等各环节需要实现全新的升级，初期的成本可能居高不下；而 NB-IoT 则可复用 LTE 产业链的各种资源，相对成本更低。因此，当两者都能满足物联网低成本的需求时，采用一套相对成熟、有一定商用经验的标准来作为 5G mMTC 的标准，还是重新做一套新的标准，当然前者是最优的选择。

如今，NB-IoT 正式纳入 5G 标准，意味着 NB-IoT 与 5G 其他技术一样拥有 10 年以上的生命周期，这在很大程度上能够保障业界对 NB-IoT 的投资回报周期。2020 年 5 月，工业和信息化部发布了《关于深入推进移动物联网全面发展的通知》，明确提出推动 2G/3G 迁移转网，NB-IoT 作为 5G 组成部分，承接 2G 物联网连接的速度将加快。

6.2 运营商招标驱动NB-IoT成本下降

物联网模组将各类元器件集成到一块电路板上，提供标准接口，各类物联网终端通过嵌入物联网模块快速实现通信功能，模组起到连接的作用，承载端到端通信、数据交互功能，降低终端厂商开发和落地的门槛。因此，在其他方面都具有成本刚性的情况下，模组的成本是用户对物联网方案决策的一个重要依据。由于国内物联网模组厂商数量众多，竞争较为激烈，所以模组成本非常透明。

在NB-IoT的商用过程中，模组成本就一直是业界热议的话题，甚至有不少观点认为模组成本是制约NB-IoT发展速度的一个重要因素。但是，如今NB-IoT模组成本已经降至预期以内，开始对2G模组形成一定的优势。回顾NB-IoT模组成本下降的历程，笔者认为三大运营商三次大规模招标具有里程碑意义，每一次招标都将NB-IoT模组成本推向一个新低，而与每次招标相伴的是模组厂商对一降再降的价格的阵痛。

6.2.1 中国电信的“宇宙第一标”

2017年9月，中国电信开启了规模为50万片的NB-IoT模组招标。彼时NB-IoT标准冻结一年多时间，中国电信率先完成30万个NB-IoT基站升级，成为全球首个也是全球最大的全国性NB-IoT网络运营商，而且中国电信还发布了全球首个NB-IoT资费标准。

不过，NB-IoT商用之初，作为创新性的事物，模组价格居高不下，每片的成本大多在60元以上，这一成本对于面向海量低成本物联网终端的场景来说，不可能催生出物联网应用的快速发展。为了尽快使成本下降，并提振行业信心，中国电信率先开启了规模化的模组招标，业界号称“宇宙第一标”。

一个多月后，招标结果出炉，深圳市中兴物联科技有限公司（现为高新兴物联）在 12 家参与竞标的厂商中胜出，独家中标，中标价格为每片含税 36 元人民币。实际上，当时中兴物联模组的中标价格为 66 元，其中 30 元由中国电信来补贴。

为促进 NB-IoT 产业的繁荣，2017 年中国电信曾推出模组补贴计划，投入 3 亿元补贴 NB-IoT 终端产业链，每个模组补贴 20 元。而针对本次招标，中国电信将模组补贴提升至 30 元，可见补贴力度之大。

为什么要将补贴提升 50%？而且为什么最终只选了一家厂商？这在此后中国电信和中兴物联发布的信息中可见端倪：中国电信期望通过这次招标，引导产业链将模组价格降至 5～6 美元这一预期成本，因此提升了补贴。只选择一家供应商，是为了形成规模效应，若供应商太多，50 万片分配到每一家的订单并不多，达不到规模效应就无法降低模组的固定成本和沉没成本。

当然，很多人认为这次招标象征性意义大于实际意义，体现了中国电信努力推动产业链成本降低的决心。回顾 2G 模组的价格走势，NB-IoT 模组成本的降低还需要一定的时间，需要产业链共同努力，中国电信本次招标的引导，对于未来模组成本下降起到了一定的指导作用。

6.2.2 中国联通的 300 万片模组招标

2018 年，中国联通也启动了 NB-IoT 模组招标工作，招标数量是 300 万片。2018 年 9 月，招标结果出炉，中标企业最终大多以低于 30 元/片的价格入选。从 NB-IoT 问世起，“低成本”就是其一个典型的标签，这个所谓的低成本指的是模组成本低于 5 美元，因为业界不少人认为 5 美元是一个分水岭，这次中国联通的招标一举跨越了这一分水岭。

1．虽然达到预期目标，但并不一定是需求驱动的

中国联通 300 万片规模的招标已创下了 NB-IoT 模组集中采购的记录，而且 30 元以下的价格也远低于预期的 5 美元。不过，这 300 万片的需求量来

自何处？若是下游用户已有自发的需求，则不论每一用户的规模大小如何，都可以说是初步的规模效应开始显现，是明显的需求驱动形成的真实规模；若仅是根据一些意向性的项目，预估可能形成300万的需求量，则依然是供给方努力去催熟市场形成的规模预期。

此前的招标公告中关于规模和有效期是如此描述的：

- 本次采购规模量预期为300万片，以实际订单为准；
- 本合同有效期为自合同签订之日起至2018年12月31日止。

可以看出，这是一个框架性的协议，300万片只是预估数量，而且执行周期到2018年年底。首先，合同签订至2018年年底期间，中国联通不会将这300万片NB-IoT模组购入形成库存，而只是依据项目进展按需提货提供给需求方；其次，到2018年年底合同到期，最终真实采购数量是截至2018年12月31日产生的订单，模组厂商也无法确定截至2018年年底其供货数量。那么，300万片可以看作是一个上限，但好像并没有设置采购的下限。若是设置了采购下限，则模组厂商截至2018年年底至少能有一个保底的供货数量。

设想一个极端的情况，即截至2018年年底实际订单量接近于0（当然这种情况不可能出现），则2018年12月31日合同到期，这一过程中双方并没有违约。从这个角度看，这一招标形成的合同更类似于一种期权合约，采购方在2018年12月31日前有权按中标价采购300万片以内任何数量的模组。

2. 蓝海还未开启就已进入红海

当时，招标最终结果出炉后，还是让业界大吃一惊，惊的是最低价格远超预期，多家的报价已低于成本价。即使300万片能够大部分落地，从当时的BOM成本计算，不用说有利润，厂商每片还要倒贴好几块钱。

或许是因为各中标厂商预期中标后实际的模组需求量并不大，或许是这次中标的战略意义重大（比如说打个广告、讲个资本市场的故事），抑或企业通过多元化经营可以将这部分亏损补充回来，所以做出了低于成本价投标的决策。

当年不少厂商受到市场繁荣假象的刺激，纷纷投身 NB-IoT 模组市场，国内已有超过 40 家厂商进入这一领域，结果这些厂商进来后发现市场容量增长远低于预期，而竞争对手却比比皆是。事实情况是这一市场的蓝海还未开启，却先进入了价格厮杀的红海，成本价已经不是底价，底价似乎看不到底。

3. 下行通道已开启，但需求驱动还不足

虽然说存在低于成本的报价，但从中国联通这次招标的报价可以看出，NB-IoT 模组实际成本已经下降至 30 元左右。从 2017 年 10 月超过 60 元的成本，不到一年时间就下降了一半，进入了预期的 5 美元以内，而且模组价格还在继续下行。

价格下行通道的开启，一方面源于上游芯片领域多家供应商的加入，2018 年下半年已有超过 10 家芯片厂商具备供货能力，厂家之间的竞争让芯片价格大幅下滑，而且经过 2 年的研发和迭代，最新的芯片设计也实现了很多优化，对成本的降低起到促进作用；另一方面，模组企业在成本控制方面也做了大量工作，包括自建生产工厂、设计流程简化等。

2018 年年底笔者就认为，价格已经不再是 NB-IoT 产业发展的壁垒，当时的壁垒是需求不足。最终价格下探至 2G 以下是大规模需求的结果。

为什么会得出这一结论呢？因为 2018 年年底之前运营商已经发布了 NB-IoT 模组补贴计划，有明确的补贴额度。设想一个场景：以中国移动为例，中国移动已公开表示拿出 10 亿元专项补贴 NB-IoT 模组，若目前模组的价格为 30 元/片，假设每个模组补贴 10 元，则该专项资金可以直接补贴的模组规模为 1 亿片，模组价格直接降到 20 元/片。这仅是中国移动一家驱动的补贴规模和价格，1 亿片模组已经是一个非常大的规模，可以有效摊销模组厂商的固定成本，其撬动作用非常明显，可以带动模组价格迅速降至 20 元以下，甚至低于 2G 模组的价格。但是，在 2018 年市场发展的情况下，即使有 20 元以下的 1 亿片模组准备就绪，但是没有形成对 1 亿片模组需求的行业和应用，也没有办法消化这些模组。

6.2.3 中国移动的500万片模组招标

2018年12月初，业界瞩目的“中国移动500万片NB-IoT模组招标”终于尘埃落定，这一订单由9家企业10款模组瓜分，最终报价中的最低报价低于20元，这是继2018年8月份中国联通300万片NB-IoT模组招标后价格的再创新低，且已远远低于此前业界对NB-IoT模组预期的5美元。

1. 再次疯狂的价格战

2018年10月31日，中国移动500万片NB-IoT模组招标公告的发出，给业界注入了一股信心，“全球最大运营商”这一大手笔的招标吸引了20家以上的模组厂商前来应答，上演了一场疯狂的价格战，这一过程呈现出以下特点。

● 单模模组25元以下已成共识

中国移动这次采购的是NB-IoT单模模组，从各家投标商的最终报价来看，NB-IoT模组已经全部进入30元以下的区间，而且仅有少数厂商报价高于25元，80%的厂商报价均低于25元。虽然中国移动在招标公告中并未设定最高限价，而且中选候选人中也有少量超过25元的厂商，但大部分厂商都不约而同地报了25元以下的价格，这个价格有没有利润暂且不说，比较明确的是25元可能成为单模模组的一个新的价格天花板。大部分报价集中在20～25元区间，可以看出模组厂商在与运营商博弈中对价格的预期，各家厂商对这一预期达成了一定的共识。

● 芯片的性价比和成熟度凸显

中国移动本次招标中提出供应商需要获得高通、华为海思、联发科、紫光展锐、中兴微电子这几家芯片厂商至少一家的授权，从参与报价的模组来看，最终报价的模组型号使用的芯片基本都集中在华为海思、联发科和紫光展锐三家。在模组价格看低的趋势下，性价比就比较重要了，随着出货量增加和模组价格进一步走低，对芯片性价比的要求会更高。从最终公示的候选人和芯片型号来看，基本上是上述三家芯片厂商平分了这次招标。表6-1对本次招标结果做了总结。

表 6-1 候选企业模组与芯片对应表

芯 片 厂 商	模组厂商和型号
海思	骐俊 ML5535 小瑞科技 N100 吴通控股 WT208 中怡数宽 TPB41
MTK	移远 BC26 广和通 N700 高新兴 ME3616
RDA	骐俊 ML2510 龙尚 A9600 R2 有方 N21

值得注意的是，本次中标的候选人并不是完全靠最低价中标的，中国移动采用综合评估法，少量报价超过 25 元的厂商也入选了候选人名单。笔者估计，芯片成熟度、产业链影响力等方面的因素也成为中国移动本次招标中的重要评选条件之一。

2．进一步破除“模组成本是瓶颈”的谎言

价格低至 20 元以下，对模组厂商来说是赔本赚吆喝，还是有利可图？只有报价企业自己心里最清楚。不过，正如中国联通的招标一样，数百万量级的模组招标，中标后签署的是框架性协议，在合同有效期内以实际订单为准。在这样的状况下，模组厂商和运营商之间就形成了带有一定“赌博”色彩的博弈，从而有可能将价格迅速压低。一方面，模组厂商预期实际订单数量将会很少，即使给出一个低于成本价的报价并中标，实际交付的数量较少，厂商亏损额度有限，但在这一过程中可以形成市场曝光及在运营商采购体系中的先发优势，因此厂商可以在自身成本的基础上报较低的价格；另一方面，即使当前报价在成本价以下，但若实际订单数量较多，当规模达到临界点时，中标企业的固定成本和沉没成本将被大幅度摊薄，最终在所报价格上交付产品也有可能是有一定利润的。

总体来说，不论此前三大运营商创纪录的 NB-IoT 模组招标最终形成的价格是否为模组厂商可承受的价格，这三次大规模的招标给 NB-IoT 模组成本带来很明显的风向标作用，促进模组成本持续走低。这三次关键性的招标，应该被载入 NB-IoT 产业发展的史册。2020 年，电信运营商的模组招标仍然在进行，不过 NB-IoT 模组价格已经开始下探至 15 元以下，对 2G 成本开始形成优势，从成本方面看 NB-IoT 对 2G 的替代作用越来越明显。

6.3 虚拟运营商在 NB-IoT 上的探索

NB-IoT 发展过程中，运营商的网络资费也是用户成本的一个重要来源，伴随 NB-IoT 商用过程变化的也包括资费的变化。笔者曾在《物联网沙场狙击枪》一书中介绍过国内外运营商的资费，各家运营商尤其是国内运营商为了驱动 NB-IoT 的快速发展，曾给予用户非常低的资费折扣。不过，随着物联网的快速发展，运营商的资费政策也发生了一些变化，在高质量发展的要求下，运营商开始上调物联网业务资费，其中也包括 NB-IoT 资费。

当然，除了运营商直接为用户提供 NB-IoT 连接服务，国内外虚拟运营商也开始相继提供 NB-IoT 连接服务。在与运营商的竞合关系下，虚拟运营商有其自身的生存之道，提供与运营商差异化的服务。在包括 NB-IoT 在内的蜂窝物联网领域，虚拟运营商不但在价格上形成了差异化，也针对运营商固有的特征带来的痛点，推出了更合适的服务为用户提供更便捷的连接。

6.3.1 极低资费，虚拟运营商不仅是“价格屠夫”

2018 年 3 月，一家欧洲的虚拟运营商高调推出一套超低 NB-IoT 资费，达到平均每年 1 欧元的水平，引起欧洲物联网领域的广泛关注。如此低的 NB-IoT 资费，虚拟运营商依然要实现收益，可以看出虚拟运营商只是将资费作为一个入口，进一步探索NB-IoT连接之后所带来的关联收益和价值。

1. 一步到位的超低NB-IoT连接费用

推出超低NB-IoT资费的这家虚拟运营商名为1NCE，是与德国电信深度合作的转售企业，也是一家初创企业，2018年年初成立，图6-5是其所推出的产品，一个非常简单明了的物联网连接服务列表。

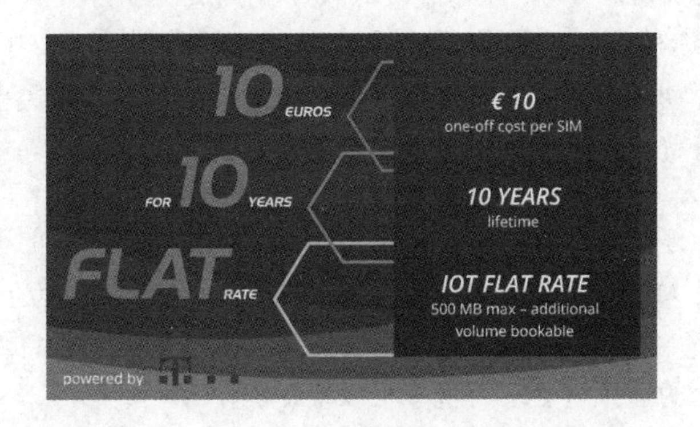

图6-5 1NCE的NB-IoT产品

（来源：1NCE）

具体来说，这一产品是一个10年期的生命周期资费，用户为每个物联网连接一次性付费10欧元，设备运行10年之内无须再付费，这一资费里包括全生命周期最高500 MB流量。

相对于其他运营商的资费体系，1NCE的资费有几个特点：首先，统一一套资费支持所有需求，而且用几个关键数字描述让人非常容易理解，而运营商往往会有各种不同类型的资费套餐包，一些套餐计费规则复杂，容易让人造成混淆；其次，通过预付费的方式，一次性支付10欧元可以使用10年，用户无须关心每月的账单；再次，1NCE的资费面向B2B且数据流量非常低的应用，数据速率低于128 Kbps，500 MB流量可以满足绝大多数应用的需求，当然流量用完后还可以再订购。

作为虚拟运营商，虽然不自建NB-IoT网络，但其使用欧洲20多个国家的网络资源。为了更好地提供连接服务，该公司基于德国电信欧洲各国的平台，自建了一个连接管理平台，提供一个 SIM 卡管理的可视化界面。如今，这家公司仍然将这一资费作为亮点在宣传。

2. NB-IoT“价格屠夫”背后的探索

按汇率换算，1NCE 的资费仅有约 7.9 元/年，远远低于中国运营商的资费水平。不过，欧洲国家运营商的 ARPU 值一般远远高于中国运营商，一些发达国家的 ARPU 值甚至是中国的 10 倍，考虑到这一差异，1 欧元/年的资费在欧洲的移动通信行业其价值远远低于国内以此折算为人民币的价值，因此 1NCE 的资费已经是“地板价”了。

若按单个连接计算，德国电信的 NB-IoT 资费是 1NCE 的十几倍，资费的差距如此之大，让虚拟运营商的价格竞争力大大提升，1NCE 的“地板价”有一种“价格屠夫”的感觉。虚拟运营商作为“价格屠夫”将连接费用降到最低，但廉价的连接背后还有更多可以发挥的地方。

笔者认为，物联网领域的虚拟运营商将更加多样化，大量有相应渠道资源的厂商无须牌照也可以开展物联网网络转售业务。到时，流量费用将不再是业界关注的重点。

当流量费用偏高时，运营商会有各种组合型的套餐来充分降低流量使用成本；但是，当流量费用降到足够低的水平时，就没有必要去设计各类套餐组合了，一个简单的统一资费更有效率，未来的流量资费可能都类似 1NCE 那样简单明了。在 NB-IoT 等物联网连接费用大大降低且资费简化的情况下，将大大降低 OEM 厂商、模组、网关、物联网平台等企业参与物联网业务的成本和门槛。当然，连接只是一个关键入口，平台服务、数据服务，以及其他关联性业务将是虚拟运营商物联网业务收入的重点。对于物联网虚拟运营商来说，若其主营业务只是销售超低价的 NB-IoT 连接，企业一定会陷入困境，此类企业一定在发挥其渠道、行业资源优势，面向的是连接之后的价值，有些运营商甚至可以提供免费的 NB-IoT 连接，其看到的是综合性的价值。

2020 年年初，1NCE 与中国电信达成合作，双方将一起在中国大陆、香港和澳门地区提供 1NCE 固定费率物联网连接，看来 1NCE 这一“鲶鱼”已经开始进入中国市场。目前，国内已有数十家虚拟运营商，物联网将是这些虚拟运营商下一步业务发展的重点，1NCE 的模式给国内的虚拟运营商也带来一定的参考，同时也促进了全球运营商挖掘连接后的价值体系。

6.3.2 通过对 eSIM 的管理破解连接的痛点

目前蜂窝物联网的连接环节还存在不少痛点，一个典型的案例就是终端厂商面临的挑战，当终端厂商开始生产采用蜂窝网络 2G/3G/4G/NB-IoT 的物联网终端时，将直接面对生产、供应链、测试等多个环节发生改变的现状，以及不断产生的新问题。而这些问题往往是围绕一张物联网卡产生的，国内外虚拟运营商围绕对这张物联网卡的管理进行创新，提供便捷连接。

1. “连接”带来的挑战

作为终端生产厂商，当其产品从不联网的传统终端向智能终端转型时，“连接”给其整个业务流程带来了不小的挑战，我们以 NB-IoT 智能表计为例，来分析一下这些挑战。

- 供应链碎片化的挑战

智能终端的生产往往比较集中，表计会安排在专门的工厂生产，因此会集中采购各类生产材料和元器件，传统表计具有同质化的功能，所有生产材料和元器件可以规模化批量采购，各表计厂商形成了有效的供应链。然而具有远传功能的物联网表计的连接部件的采购存在分散化的特点，使得其供应链面临碎片化的挑战。

物联网表计连接部件的采购之所以存在分散化的特点，源于市场的分散化和通信服务的属地化特点。水表、燃气表面对的是全国甚至全球的市场，在每一地域部署时都需要连接到当地运营商网络中，不同地区的客户对于通信制式还有不同的要求，如此前要求 2G 网络，现在更多要求 NB-IoT 网络，虽然目前运营商的物联网卡可以在不同地域的兄弟公司进行网络接入，但非本地开通的物联网卡其网络服务并不一定能得到保障，表计厂商往往会根据项目订单所在地和客户需求选择采购当地的物联网卡。

当终端厂商面对全国乃至全球市场时，它需要分别向大量的各地运营商采购物联网卡，而当每一笔采购量并不大时，这种供应链的碎片化会降低其整体采购效率。

- 产线效率降低的挑战

计量表计经过多年的发展，其生产线已形成高效的工序，大部分环节已形成自动流水化生产。智能表计中嵌入的物联网卡由于要达到近10年的生命周期，而且需要面对各种恶劣环境，往往采用稳定性更高的贴片卡，因此其产线中需要增加这些连接部件的工序。

由于要满足分散的市场对网络接入的需求，不同客户、不同区域的订单嵌入的贴片卡并不一样。生产线上同一型号的表计每天的生产量很大，传统表计可以自动化无间断地生产，但物联网表计需要频繁中断产线，根据每一订单的要求贴入具体运营商的物联网卡，同一型号的表计会产生多个批次的产品，还需要根据订单做好产品管理，防止不同客户不同地域发货出错。与传统产线效率相比，物联网卡的特点带来产线效率降低的挑战。

- 测试与实际应用环境差异的挑战

与传统表计相比，智能表计的出厂前测试增加了一个通信测试的工序，表计出厂前会测试该设备能否正常连接至运营商网络。由于表计在工厂进行集中化生产测试，联网数量、频率都较高，为了保障正常生产，运营商一般都会保证工厂附近的网络质量，通信测试一般可以正常完成。

不过，当该表计发货至项目所在地进行部署时，项目所在地的蜂窝网络状况并不可控，有些地域网络质量不好，造成智能表计抄表成功率低，终端厂商和方案商为了保障客户体验，往往还需要协调本地运营商人员来做好网络测试、优化工作，这在一定程度上增加了终端厂商的工作量。

- 售后服务成本的挑战

部分智能表计部署后，因为表计本身质量的问题，可能需要拆除返厂，此时原有表计中所带的物联网卡无法用于其他新终端，由于智能表计的通信费用往往采用生命周期套餐，这部分已付费的套餐就会造成浪费，若要重新使用还需要申请停机再迁移。

2．这些挑战如何形成？电信市场特征形成的格局

对于大量市场分散化的智能终端厂商来说，以上挑战正是其最大的困难。举例来说，目前 NB-IoT 智能燃气表出货量已突破千万，以上四类挑战正是 NB-IoT 智能燃气表厂商经常提出的问题，当未来 NB-IoT 连接数快速增长时，这些挑战会给终端厂商带来更大的影响。终端厂商面临的这一局面，在某种程度上是由于电信市场的特征造成的。

众所周知，电信业是一个典型的地域化特征明显的行业，本地运营商花费高额成本建设运营网络基础设施，为位于本地的通信终端用户提供服务，终端嵌入的 SIM 卡不仅是用户的标识，更是归属于本地运营商的依据和收费的依据。

在国内物联网市场中，目前各家运营商都做到了“一点开卡、全国接入、统一资费”，即不论用户是在哪个省份采购的物联网卡，其终端在国内其他省份都可以接入该运营商网络，而且不会产生漫游费用。

不过，对于不同省份的运营商来说，很多情况下收入和服务并不匹配。用户采购的物联网卡产生的费用大部分或者全部归发卡省份运营商，但用户的终端有可能在另一个省部署，此时连接服务由另一个省份的运营商提供，而该运营商仅获得少量费用或者根本没有任何收入。

在这种情况下，提供连接服务的本地运营商就没有很强的动力为这部分用户提供优质服务，这部分用户如在终端部署地区出现网络质量不好的状况

时，可能就无法得到运营商的快速有效响应，导致当地物联网项目无法正常实施。毕竟获取收入的运营商和用户之间有契约关系，对运营商有服务质量保障的要求，但终端部署所在地运营商和用户并无契约关系，用户并不会获得高优先级的服务。

鉴于此，虽然各家运营商可以做到“一点开卡、全国接入、统一资费”，但终端厂商往往在生产规划时，就会根据订单情况采购本地具有优质网络的运营商的物联网卡，一方面保障用户体验，另一方面保障本地运营商的网络服务质量。

除此之外，对于跨境的物联网终端，其面临的挑战更为复杂，因为物联网终端生产在国内，部署在海外，生产时需要预置海外运营商的物联网卡，但由于海外运营商在国内并无网络，在国内生产后无法进行网络测试，终端厂商有时需要将样机发往海外，在海外网络测试合格后，再在国内大规模生产和发货，这一过程需要很长的时间周期。

3. 通过eSIM管理破解连接之困

一张物联网卡就给大量垂直行业生产经营流程带来如此大的困惑，要想解决这些问题还是需要做好物联网卡的管理。目前，业界针对这些痛点已经在多个方面进行探索，eSIM是其中最为典型的解决方式，不过鉴于各种技术和利益关系，eSIM的推广并不是一帆风顺的。

此前，运营商针对发卡和使用地域不一致的问题，制定过相应的网间结算政策，比如发卡地运营商需要为提供服务的本地运营商支付一定比例的通信费用。不过，这一政策在实际推行中由于各种原因，并未带来本地运营商积极配合为漫游用户提升服务的结果。

运营商内部也在努力推动流程的优化，通过eSIM的方式为用户解决这一痛点，即先给予终端厂商一个临时测试号码，当终端出厂后进入项目所在地，再一次性写入本地的号码，由本地运营商收取套餐费。这一流程的优化对用户来说确实是一大改进，不过eSIM仅限于单一运营商之内，而且这一服务还未在全国大范围推广开。很多情况下，用户需要根据项目所在地各家运营商的网络质量选择网络服务商，快速实现终端上线。

解决新的痛点就意味着新的商机，目前已有不少第三方虚拟运营商针对终端厂商的痛点提供解决方案。前文提到的1NCE就在这方面提供服务，用户无须关心各家运营商的网络质量，它可以为用户接入最为合适的网络。在国内，诸如小米移动、联想懂得等一些获得虚拟运营商牌照的企业都在探索为物联网终端提供物联网卡管理服务，还有如果通科技、红茶移动、信物技术等创新型公司也瞄准了这一方向，基于eSIM技术，通过OTA方式为智能终端生产、销售、安装、售后等各环节选择合适的接入网络和计费功能。当然，类似功能的实现，其背后需要的是与国内外各家本地运营商的合作。

6.4 低功耗大连接多形态，无处不在的通信

2020年年初，物联网智库发布的《物联网产业全景图谱2020》前言中提到，物联网通信技术的发展基本覆盖所有场景需求，包括扩大连接范围、连接未连接的物、增强专用于物联网的通信技术的能力。作为5G大连接核心组成部分的NB-IoT，一方面通过增强其极限能力来实现更广覆盖，另一方面也不断创新各种形式来覆盖特定场景，做到无处不在的通信。

6.4.1 向“无人区”延伸，NB-IoT增强5G覆盖能力

2018年9月底，爱立信和澳洲电讯成功地在澳洲电讯商用网络基站中部署并测试了覆盖距离长达100千米的NB-IoT数据连接；2019年年底，中兴通讯完成了NB-IoT海面超远覆盖测试，测试中NB-IoT极限应用距离可延伸到110千米以上。100千米以上的距离可以为大量人迹罕至的场所带来连接服务，NB-IoT的覆盖能力也为普惠性服务打下了基础。

1. 网络向“无人区”延伸，带来更多场景

覆盖距离达到100千米以上，对于蜂窝物联网产业链和5G mMTC来说，也可能成为一个里程碑，在此基础上物联网企业可以将服务扩展到广大的海洋、农村和偏远地区。此前，3GPP标准下NB-IoT的覆盖距离上限大约为40千米，而这一增强让NB-IoT的覆盖距离增加了一倍多。

当然，爱立信和中兴主要是通过在NB-IoT现网进行软件升级来实现100千米以上的覆盖距离的，没有对NB-IoT终端设备做过任何改动，即没有更换任何传感器、没有安装额外的基站、没有新增芯片模组。

以澳大利亚为例，这一性能对于澳大利亚这样的国家来说具有很重要的意义，作为国土面积几乎覆盖整个大洲且人口十分稀少的国家，大面积的农田、旅游景区、自然保护区等地可以采用远距离的物联网方案实现管理。若能够进一步推广至其他国家的运营商，则可以为运营商提升广覆盖能力，带来低成本的解决方案。在百千米级覆盖能力的加持下，地质监测、农牧场物联网、河流湖泊治理、森林防火等重大项目都可以实施。

以地质监测为例，大量地质灾害的源头虽然在荒无人烟的地方，但地质灾害发生时会对周边地区造成严重的人员伤亡和财产损失，当前的地质监测方式仍主要依靠人工，数据采集、传输的时效性很差，尤其是在一些人烟稀少的场所监测预警远远不够。当NB-IoT具备100多千米的覆盖距离后，便能够将大部分需要监测的地质灾害易发点覆盖到，在这种情况下，那些雨量计、水位计、位移测量仪等传感器采集的降雨、地下水、山体位移数据等就能通过NB-IoT网络上传，形成有效的地质灾害预警物联网解决方案。在类似的场景下，以往项目的痛点多为网络覆盖距离不足，而百千米级的覆盖基本可满足需求。

2. 广覆盖的经济性问题也需要考虑

对于运营商来说，依靠软件升级的方式将NB-IoT基站覆盖能力提升一倍多消耗的成本相对于硬件更新的成本来说要低得多，但也需要从成本收益

方面考虑经济性问题。当然，在笔者看来，此类技术方案并非所有主流运营商都需采用，对于那些拥有大量农村、偏远地区站址资源和客户的运营商来说，将其 NB-IoT 基站覆盖能力提升至 100 千米以上对其具有很大的意义。通过基站升级可以扩大这些运营商在农村和偏远地区的业务范畴，给用户提供更多增值服务。但对于那些业务聚焦于城市的运营商来说提升基站覆盖能力可能并不是必需的，因为 NB-IoT 现网的能力基本满足目前业务的需求。

众所周知，在农村或广阔的偏远地区部署无线通信网络，最大的两个问题是基站供电和回传资源，这两个问题的难度更多在于自然条件的限制。

笔者曾经看过一个海上 4G 基站的案例，江苏南通沿海经济作业区向黄海的延伸范围达数十千米，但陆地基站覆盖距离不足，无法有效满足近海区域渔业养殖、港口船运等行业的通信需求。江苏移动于 2017 年在南通如东洋口港开通了全国首个海上 4G 基站，该基站部署在离岸 30 千米的海域，能够覆盖黄海近海 60 千米的海域范围，满足了近海区域内的通信需求。在这个项目中，主要克服的就是供电和回传两个困难。在供电方面，借助的是沿海风力发电企业的项目资源，在离岸 30 千米的风力发电平台和升压平台上安装了 4G 基站，通过风电塔完成供电实现对周边 30 千米海域的全部覆盖；在回传方面，采用风电企业的海底光缆将基站信号回传至核心网。可以说，这一海上无线网络覆盖主要依靠海上风电企业的供电和回传资源才得以实现，这也是一种电信企业和电力企业资源共享合作的方式。

但是，大量偏远地区的物联网应用场所并不一定拥有类似于海上风电企业那样现成的供电和回传资源，于是单基站的覆盖能力就成为能否提供服务的决定性因素。目前，一些小型基站采用太阳能的方式在一定程度上解决了供电问题，但回传依然是瓶颈，当偏远地区没有 4G 信号覆盖或光纤部署时，基站即使能够收到传感器数据，但依然无法回传至平台，达不到监测和远程管理的效果。当基站覆盖能力足够大时，可以将基站部署在有持续电源供电和回传资源的通信铁塔或其他比较高的基础设施上，保证数十千米的传感器数据回传至平台。

当然，农村和偏远地区的物联网业务量较小，在这些场所进行网络部署时运营商一是要考虑成本收益的状况，二是要考虑社会效益（如减少地震灾害、森林火灾等）。随着物联网市场教育的持续推进，百千米级 NB-IoT 网络的经济效益和社会效益会逐步发挥出来，未来物联网网络部署会深度和广度并重，让广大的农村和偏远地区也能享受物联网带来的成果。

6.4.2 新形态的 NB-IoT 部署方式，补齐连接空缺

除了由主流运营商部署，各类市场主体也在不断创新，不断增加 NB-IoT 部署形式，扩展运营商 NB-IoT 覆盖范畴，力求做到大部分 5G 低功耗、大连接的远距离物联网场景都有相应的连接方案。

1. 基于卫星的 NB-IoT

NB-IoT 的一个新的扩展方向是向天基物联网发展，即通过卫星提供全球无处不在的 NB-IoT 网络，这样不论身处海上还是深山中，都可以实现物联网连接。

初创公司 Skylo 为全球物联网用户提供泛在连接服务，其中一个亮点是其计划于 2020 年夏季推出基于 NB-IoT 的天基物联网，这一 NB-IoT 网络旨在为移动性设备提供服务，主要应用于农业、交通、航海、应急等领域。图 6-6 是基于 NB-IoT 的天基物联网的示意图。Skylo 公司成立于 2017 年，并于当年年底获得三家机构 1300 万美元的 A 轮融资，其中一家机构是谷歌前 CEO Eric Schmidt 的风投公司。

图 6-6 基于 NB-IoT 的天基物联网

（来源：Skylo）

Skylo 公司基于 NB-IoT 的天基物联网采用地球同步通信卫星连接 Skylo 部署在地球上的网关，其网络运行频段除了专门的同步卫星通信业务频段，也包括 3GPP 所定义的频段。这是一个双向通信的网络，除了网关将数据回传给卫星，由于其专有的天线技术，卫星无须额外设备也可以将数据反馈至网关。那些网关是 8×8 英寸的盒子，一般安装在渔船、火车车厢及其他场景设备上，网关盒子作为收发器，收集本地传感器数据，并通过卫星网络将数据传输至云端平台。

目前已有大量卫星通信的方案，但卫星通信一般成本很高，而 Skylo 的这张 NB-IoT 网络，成本并不高。根据 Skylo 公司 CEO 所述，该网络连接比现有卫星通信方案节约 95%的成本。具体来说，该网络连接资费大约为每个用户每月 1 美元，硬件成本即网关低于 100 美元。Skylo 公司的卫星 NB-IoT 网络首先在印度提供服务，首家客户是印度铁路公司，印度铁路公司将在其车厢安装 Skylo 的网关，使用 Skylo 的 NB-IoT 网络。

根据 GSMA 发布的数据，截至 2020 年 1 月，全球已有 92 张商用 NB-IoT 网络。在全球主流运营商都部署 NB-IoT 网络的同时，基于卫星的 NB-IoT 网络正在践行着“连接未连接物”的使命，一方面对运营商蜂窝网络形成补充，另一方面在一定程度上也和蜂窝网络形成竞争。实际上，Skylo 并非独家提供卫星 NB-IoT 的厂商，美国另一家物联网公司 Ligado Networks 表示其准备在 1500 MHz～1700 MHz 频段上使用 NB-IoT 标准建设一个卫星网络；卢森堡一家名为 OQ Technology 的公司已经在一些商业卫星上测试软件定义无线电（SDR）的 NB-IoT 无线接入。除此之外，我们也看到近年来大量初创公司均推出廉价的低轨卫星物联网方案，国内也有数家民营卫星公司在推动卫星物联网的进展，当然国内还未出现基于卫星的 NB-IoT 网络。

2. 私有 NB-IoT 网络

正如本书前面章节所述，5G 私有网络将成为一个新的趋势。随着 NB-IoT 的逐渐成熟，私有 NB-IoT 网络开始出现，为一些关键行业提供了更为安全可靠的保障。

2019 年 6 月，位于美国加利福尼亚州的一家名为 Puloli 的公司宣布推出首个私有 NB-IoT 网络，该网络采用 700 MHz 频谱，部署在佛罗里达州北部，基本覆盖该地区的大多数人口，该网络是为该地区一家公用事业企业提供的。该私有 NB-IoT 网络采用 Pycom 公司基于 Sequans Monarch 芯片的 NB-IoT 模组，该模组支持 700 MHz 频段。对于私有网络，Puloli 探索出一套网络即服务（NaaS）的商业模式，包括网络设计、部署和运营。

由于是私有网络，Puloli 对此进行了专门的频段定制，在 700 MHz 频段中使用 1 MHz 作为下行，另外 1 MHz 作为上行。当然，由于 700 MHz 频段已经被 21 家基础设施机构购买，包括电力、燃气、水务、石油及铁路公司，因此频谱定制是部署私有网络最具挑战性的环节。Puloli 与一家名为 Select Spectrum 的频谱咨询机构合作，该机构为无线电频谱的买卖提供规划、咨询和数据分析服务，最终确定频谱定制方案。

当然，从目前的发展情况看，NB-IoT 私网并未形成大量部署的态势。实际上，早在 2016 年 6 月 NB-IoT 标准冻结之初，华为就推出了基于 NB-IoT 的私网方案 eLTE-IoT，华为对此方案描述如下：

eLTE-IoT 解决方案是企业自建的免授权物联网市场，提供基于 Sub-GHz 免授权频谱的低功耗中长距物联网无线技术。针对低数据速率、大规模终端数目及广覆盖要求等典型的 M2M 应用场景，eLTE-IoT 可以为政企等行业客户，如智慧城市、电力和燃气、水务厂商开辟广阔的物联网市场。eLTE-IoT 的芯片将完全重用 3GPP NB-IoT 的芯片，与免授权频谱上的 LTE 技术类似，eLTE-IoT 产业链的参与者也是 3GPP NB-IoT 的玩家。

既然能够复用 NB-IoT 本身的产业生态，那么随着 NB-IoT 产业的发展，NB-IoT 私网产业链也会准备就绪。不过，除了产业链，需求、商业模式等方面也需要准备就绪。当前 NB-IoT 已纳入 5G mMTC 候选标准，全球多个国家的大量行业都在探索发展 5G 私网，不少国家也开始为企业建设 5G 私网分配频谱，形成 5G 赋能行业的一种典型的形式。企业自建 5G 私网，在很大程度上用于物与物的通信，连接企业各类物联网设备，而其中低功耗、大连接的部分将由 NB-IoT 来承载。从这个角度来看，未来 NB-IoT 私有网络更多是通过 5G 私网来呈现的。

6.5 NB-IoT 承担 5G 低功耗大连接重任初见成效

2020 年 2 月底，国内三大运营商 NB-IoT 连接数突破 1 亿，其中中国电信和中国移动的连接数各突破 4000 万，中国联通的连接数突破 1000 万。可以说，这是一个新的里程碑，因为 NB-IoT 连接数突破 1 亿，给用户带来的价值已经非常明显，驱动 NB-IoT 在各行业应用快速扩展。

6.5.1 规模化落地，形成示范效应和商业验证

从 NB-IoT 连接的构成来看，过去几年率先进行试点的一些行业已迎来规模化的落地，包括水表、燃气表、消防烟感、电动自行车防盗，这 4 个行业已实现超过千万级的 NB-IoT 连接；而智能井盖、智能门锁、追踪定位、智慧路灯、车联网等近 10 个行业已实现超过百万级 NB-IoT 连接。

在千万级和百万级连接的规模化驱动下，给 NB-IoT 产业带来的已不仅是示范效应，更是产业落地的验证。由于很多项目单体规模已达到数十万，在规模效应下，这些验证既包括对相关技术的验证，又包括商业方面的验证。

首先，单个项目规模化的连接让商用中各类技术问题充分暴露出来，使业界能够攻克各类重大技术难关。举例来说，作为一张专用于物联网的公共网络，NB-IoT 需要做好应对大规模终端数据传输形成的信令风暴考验，只有在同一区域中部署了大量 NB-IoT 终端，才能将这一问题暴露出来供相关人员进行分析和提出解决方案。正是产业链各方的努力，在规模化部署的情况下，让 NB-IoT 落地中各类技术问题得以解决，形成大量经验，为未来大规模复制和在其他行业的扩展做好技术储备。

其次，对于行业用户来说，并不是为了连接而连接，其看重的是 NB-IoT 能够为本行业、本企业带来新的变革，形成新的商业模式。商业模式验证的前提是有一定规模的部署，若只有少数终端当然体现不出对商业模式变革的影响。多个行业多个单体项目大规模的 NB-IoT 终端部署，让用户探索出基于 NB-IoT 连接但又超越连接的价值。举例来说，燃气表计厂商通过大规模采用 NB-IoT 终端，给它们下游用户带来基于燃气用户数据运营的新服务；电动自行车 NB-IoT 定位规模化上线后，已经探索出车主、公安、运营商、保险公司共赢的新的商业模式。

大规模连接带来技术和商业模式的验证，形成落地的正向循环。得到规模化复制的经验，千万级连接的行业向着数千万甚至上亿连接迈进，百万级连接的行业向着千万连接加速迈进。

6.5.2 抗击疫情中爆红的 NB-IoT 产品

在抗击新冠肺炎疫情的过程中，各种科技手段发挥了重要的作用。在这些科技手段中，我们看到多款 NB-IoT 产品和方案在抗击疫情中大显身手。

例如，针对特定人群的隔离管理采用 NB-IoT 智能门磁，通过设置电子围栏、统一平台管理等，自动记录门窗打开情况，便于监管人员对违规外出进行及时管理，NB-IoT 门磁安装、拆卸非常方便，可以重复利用，使其成为抗疫期间的一款网红产品；又如，中国电信推出的“天翼镖星”方案，基于 NB-IoT 对重要防疫物资实时追踪，保障防疫物资使用公开透明；还有，采用 NB-IoT 手环对特定人群的位置、历史轨迹进行定位。

抗击疫情是 2020 年上半年整个社会的重大“战斗”，在这种非常时期，拿出来使用的科技手段绝不是用来作秀的，而是用来打硬仗的。NB-IoT 的多款产品能够拿出来打硬仗，在笔者看来，不仅是因为这些产品本身适合相关场景，更是因为产品背后的产业生态已经准备就绪。

公开数据显示，截至 2019 年年底我国三大运营商已建成超 70 万个的 NB-IoT 基站，基本完成了全国县级及以上城区的基本覆盖；除了基站部署，运营商已摸索出很多网络优化维护经验，按需优化、小站优化补盲等方式已经成熟，可以保障 NB-IoT 项目的及时上线。从产业链方面看，在上亿连接的驱动下，NB-IoT 芯片形成了多供应商局面，模组成本已下降至预期值以内，从而大大降低了终端的成本，催生了各行业丰富的终端和应用形态。加上多个行业规模化落地的实践，形成了技术和商业模式的验证，从而保障了国内 NB-IoT 产业生态的成熟。

试想一下，若是基础网络覆盖还不完善，部分技术问题没有解决，终端供应链尚不成熟，在这场硬仗中 NB-IoT 相关产品还能够承担重任吗？这场突如其来的疫情，也在一定程度上检验了 NB-IoT 产业生态的成熟程度。

6.5.3 加速 2G 退网，推动 NB-IoT 成为蜂窝物联网连接主力

在物联网业态中，最为典型的“新基建”就是网络基础设施，尤其是蜂窝网络最为突出。2019 年虽然是 5G 元年，但在一段时间内，依然是 2G/3G/4G/5G 四代移动通信网络共存的局面。这个局面对于站址、频谱等基础设施规划造成了很大困难，因此业界希望老一代网络能够加速减频退网，将稀缺资源留给新一代网络。

蜂窝物联网的发展在很大程度上也受到移动通信网络代际升级的影响，开启了连接方式代际迁移之路。如图 6-7 所示，根据市场研究机构 Counterpoint 的数据，未来几年中，蜂窝物联网连接数会经历从 2G+4G 为主向着 NB-IoT+4G 为主迁移。

根据 Counterpoint 的数据，到 2025 年 2G/3G 的物联网连接数将接近忽略不计，因此在蜂窝物联网连接方式代际迁移的过程中，原有 2G/3G 连接就只能由 NB-IoT 和 4G 来承接，NB-IoT 将承接大部分 2G/3G 减频退网后的连接。图 6-7 所示是全球数据，在我国 2G 物联网连接尤其突出，这将成为 NB-IoT 承接的重点方向。

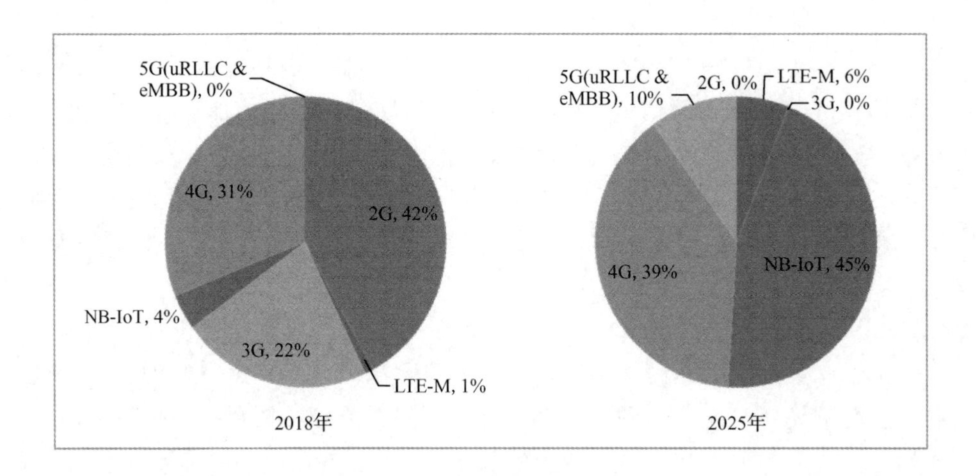

图 6-7 蜂窝物联网连接结构变迁

（来源：Counterpoint）

在这个过程中，不仅要做好新型基础设施的 NB-IoT 网络建设和优化，还要做好传统基础设施 2G 网络的逐渐减频退网，腾退出优质的资源来支持新基建的落地，实现新旧动能的转换。虽然 2G 退网还是一个长跑的过程，但目前 R14 版本标准已成为 NB-IoT 的主流选择，R14 在覆盖、功耗、速率、频谱效率、成本等各方面相对于 2G 具有明显的优势，具备替代 2G 物联网的能力，可承载大部分 2G 物联网业务，至少在低速率物联网连接新增部分会对 2G 物联网形成替代，1 亿的 NB-IoT 连接只是一个开始。

第 7 章

守旧与变革，5G 时代各主体的物联网新基建

正如本书第一章所述，新基建中不仅有可见的物理实体等有形的基础设施，也包括平台、标识、通信协议等无形的基础设施。随着5G商用的加速，物联网的重要性越发凸显，各类主流厂商纷纷涌入物联网基础设施领域，开启物联网战略布局。在这些群体中，互联网厂商的动作吸引了更多的眼球，它们像“门口的野蛮人”一样，不放过物联网带来的新的红利。不可避免的是，互联网巨头们的物联网生意经中，布局物联网新基建是其战略的重要组成部分，只是互联网厂商所布局的物联网新基建，与电信运营企业的新基建有着很明显的差别。互联网厂商作为5G时代新基建布局的新力量想要抢占物联网的话语权，而通信厂商作为5G时代新基建的传统力量，在守旧与变革之间不断努力，力争重塑领导力。

7.1 未来“互联网女皇报告”或许会发现新趋势

从古代的烽火狼烟、击鼓传声到现代的移动通信系统，几千年来各种通信工具一直在为了提高自身效率改进自身功能，力求最可靠高效地传递有效信息。今天，移动通信已进入了5G时代，5G得到社会各界前所未有的关注，不仅在于5G作为新一代移动通信系统给移动互联网带来加速，更在于它能够助力国民经济各行各业。5G概念和技术路线在设计之初就充分考虑到各行业的物联网需求，因此业界对未来物联网的期待更高。如果说此前的3G/4G是保障互联网繁荣的基础设施，那么5G所带来的物联网部署将是保障各行业数字化转型的基础设施。

从1995年开始，有“互联网女皇”之称的玛丽·米克尔每年都会发布了一份《互联网趋势报告》，报告中大部分观察和预测皆得到应验，被誉为科技投资的圣经，2019年6月发布的《2019年互联网趋势报告》已经是其第24份报告，当然也受到了业界的追捧。这份报告所展示的互联网业态大部分还是围绕智能手机用户形成的，这些业态在很大程度上受益于通信基础设施的完善，其中4G网络是过去6年中最大和最成功的通信基础设施投资。如今，5G和物联网新基建已提上日程，在此基础设施之上，互联网应用业态也在发生着新的变化。

7.1.1 通信基础设施上飞速发展的移动互联网

过去几年，互联网趋势报告将中国互联网发展情况作为专门的章节，2019年报告显示：近年来，中国互联网行业始终保持着较快的增速，2018年，中国移动互联网用户已达到8.2亿，移动互联网数据流量同比增长189%，其中，短视频对中国互联网流量和使用时长的增长功不可没。如图7-1所示，2017年4月到2019年4月，中国短视频App日均使用时长从不到1亿小时增长到了6亿小时。

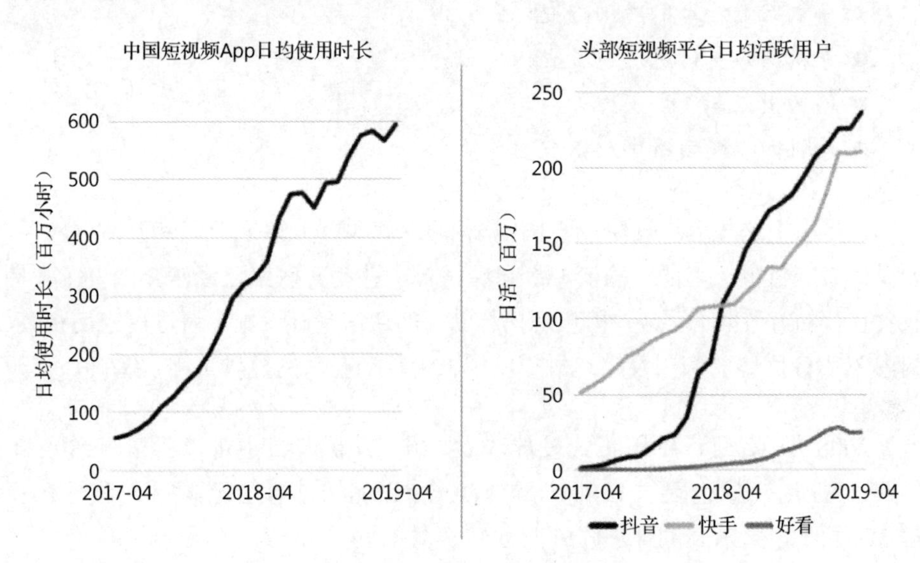

图7-1 中国短视频相关数据

（来源：高瓴资本）

在2019年的互联网趋势报告中，高瓴资本提出：

- 线上游戏正日益改变着中国的支付、电商、零售、教育及更多行业，通过游戏化和数字化为传统行业赋能的新模式正在重构人们的消费体验。

- 从线上到线下，再到全渠道的零售创新重构了消费者的购物体验，以数字化、信息化、个性化为主要特征的“新零售”赋予传统零售行业崭新的生机和活力。

中国移动互联网发展的速度，通过一些数据来观察更加直观。中国互联网络信息中心发布的最新《中国互联网络发展状况统计报告》显示，截至2019年6月，国内移动互联网相关的数据包括：

- 手机网民规模8.47亿；
- 手机即时通信用户8.25亿；
- 手机网络新闻用户6.86亿；
- 手机购物用户6.22亿；
- 手机网上外卖用户4.17亿；
- 手机网络支付用户6.21亿；
- 网约出租车用户3.37亿；
- 手机网络视频用户6.48亿。

正是由于这些用户规模，催生出国内多家大型的互联网公司和互联网应用，如微信、支付宝、美团、滴滴、今日头条等。移动互联网已经深刻改变了我们衣食住行的方方面面，这些用户规模与国内的通信基础设施部署进度密切相关，国内3G/4G网络的商用及用户规模的增长为移动互联网提供了用户基础。

2008年12月，中国正式发放3G牌照，从图7-2中可以看出，2009年年底，3G用户就达到了1200万户，随着3G网络部署的不断完善，到2014年3G用户达到最高的4.8亿户。

2013年年底，中国正式发放4G牌照，4G的用户增长速度远远超过3G。图7-3显示，4G发牌后的第一年就有近1亿用户，到2019年年底已有12.8亿用户。这12.8亿的用户数量，构成了移动互联网各大厂商用户数量的基础。到目前为止，中国已经建成了全球覆盖深度和广度都最好的4G网络，让互联网应用可以随时随地接入。“互联网女皇”报告揭示出“中美垄断互联网头部公司”的一个要点，笔者认为强大的4G基础设施和用户数量的支撑，是中国互联网公司跻身全球头部梯队的一个重要条件。

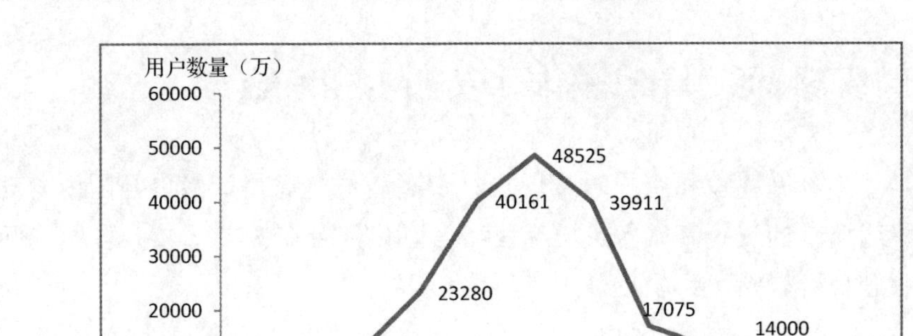

图 7-2 中国 3G 用户数发展历程

（来源：工业和信息化部）

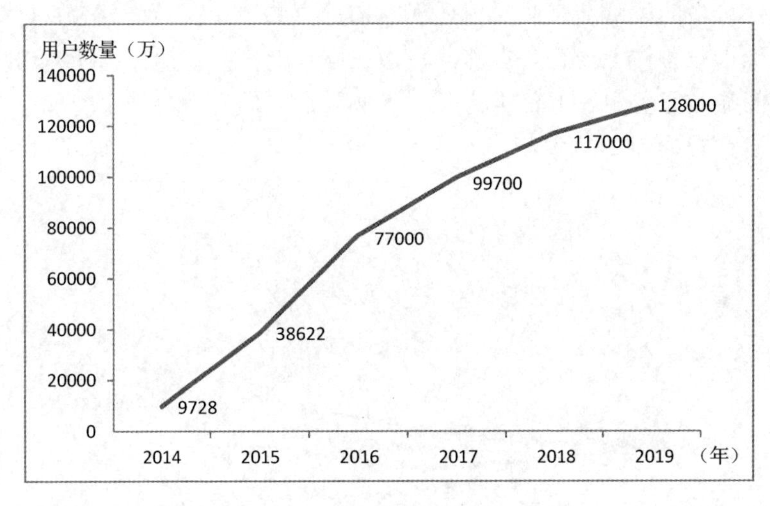

图 7-3 中国 4G 用户数发展历程

（来源：工业和信息化部）

移动互联网丰富的应用和巨大的用户规模，带来了快速增长的流量。尤其是在 4G 商用后，国内移动互联网流量形成了快速增长的态势。流量爆发式增长、各种改变衣食住行的互联网创新模式出现，是 4G 商用初期人们想象不到的，这种发展态势更不可能通过一个定期的规划或产业政策驱动形成。

可以说，4G 这个基础设施带来的红利不可忽视。

7.1.2 持续下降的通信价格降低了互联网应用门槛

除了基础设施建设和用户数量增长，不断降低的通信价格也是国内移动互联网快速繁荣的一个基础条件。工业和信息化部曾在《2018 年互联网和相关服务业经济运行情况》中提道：

> 通信业网络提速降费效果显著，网络提速改善网络消费的体验，资费下调降低互联网应用的使用门槛。互联网企业在网络教育、网络出行、网络销售、影音视频等领域创新创业活力强劲，促进旅游、文化、体育、健康、养老等“幸福产业”蓬勃发展，带动互联网业务收入规模保持较快增长。

通信价格的下降非常明显地体现在物价指数中。在大部分老百姓的认知中，物价指数总体上一直在上涨，货币在同步贬值。然而，在所有组成价格指数的商品和服务中，通信价格是一个非常少见的价格持续下降的行业。各行业价格指数如图 7-4 所示。

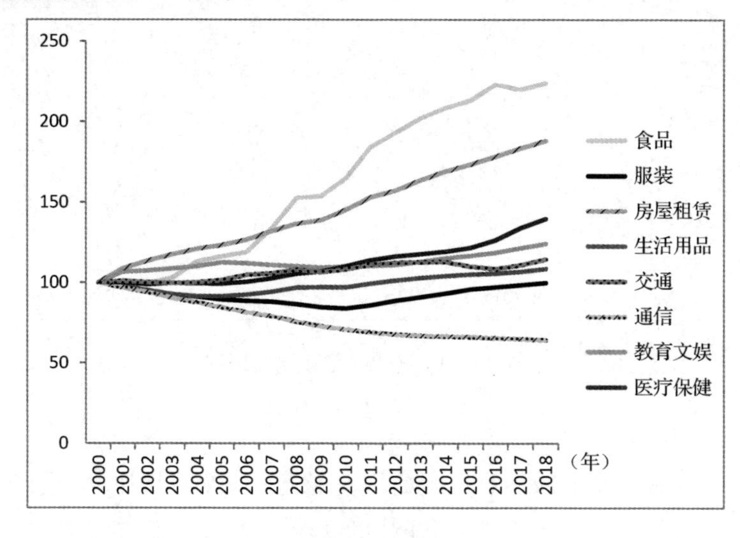

图 7-4 各行业价格指数

（来源：国家统计局）

不仅是短期的价格下降，长期来看通信价格更是在持续下降。如图 7-4 所示，在过去近 20 年的时间中，从价格指数各细分领域的数据来看，通信行业价格下降最大，在大部分行业消费价格上涨的情况下，通信行业消费价格一路持续下降，从未上涨过，2018 年通信物价仅为 20 年前的 64%。

现在我们每天使用各类移动互联网 App 时，似乎并不会太多考虑网络流量带来的成本。多年来持续下滑的通信服务价格给国内互联网带来了一定的红利。

7.1.3 带动产业互联网发展：5G 物联网赋能国民经济全行业

从互联网发展历程来看，3G/4G 网络的商用为互联网各类应用赋能，微信、美团、滴滴、今日头条、快手、拼多多等这些互联网“巨无霸”都是在 3G/4G 网络建设和用户增长的基础上启动并成长起来的。

根据《国民经济行业分类》国家标准，互联网和相关服务属于“信息传输、软件和信息技术服务”大类，互联网带来的直接收入计入该类别中。当然，互联网也间接推动了多个行业的发展，如电商的发展推动物流业爆发式增长，使交通运输、仓储和邮政业类别都得到了增长；网络购物向移动终端迁移，也推动了零售业的快速增长。可以说，这些行业都是在 3G/4G 基础设施就绪后发生改变的行业。

然而，我们查阅《2018 中国统计年鉴》发现在国民经济的主要行业中，3G/4G 影响的行业仅是其中的少数行业，而且主要围绕着居民消费及相关配套领域。虽然近年来“互联网+”不断推行，但并未深入到各行各业的生产经营流程中，因此也没有办法实质性对其他行业实现转型升级。

“5G 改变社会”并非一个口号，由于 5G 网络的 80%将应用于物联网，对于各行业核心业务的数字化转型能够形成强有力的支撑。如图 7-5 所示，与 3G/4G 不同，5G 赋能和改变的是国民经济的各行各业，其中一些行业的规模远远超过原有互联网业态带来的产出规模，5G 基础设施红利刚刚开始释放。

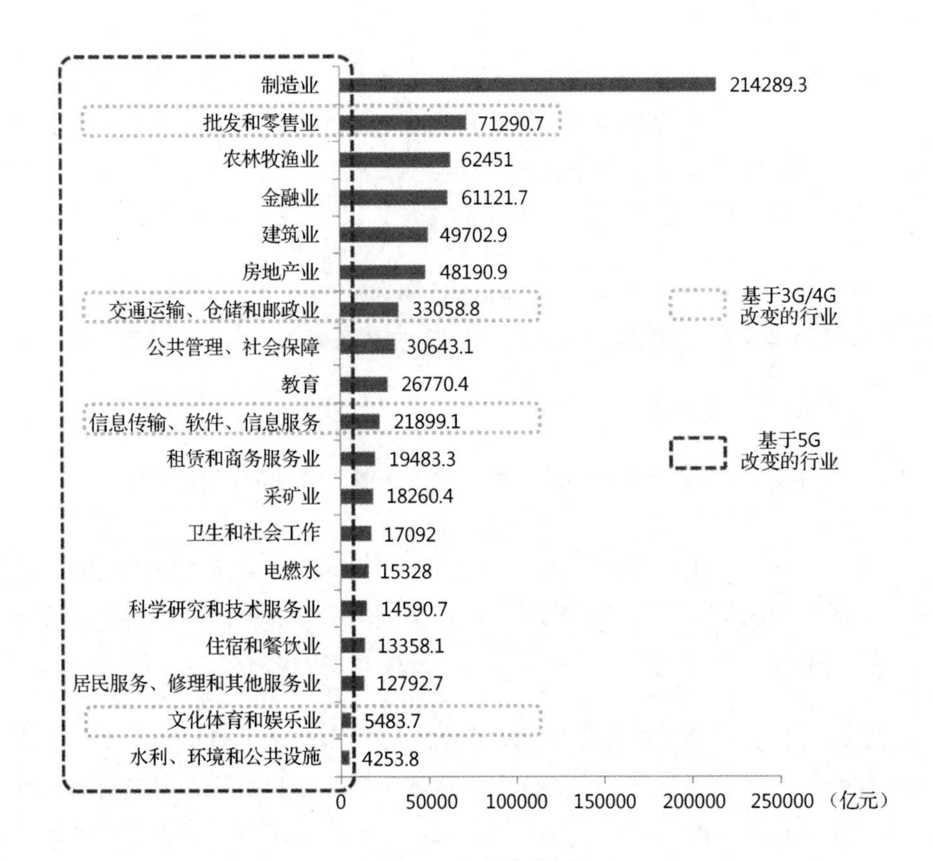

图 7-5 各行业规模

（来源：2018 中国统计年鉴）

1. 未来新的互联网终端和业态将会出现

“要致富，先修路”，在过去几十年中，基础设施的完善对大量地区的经济发展功不可没。然而，“修路者”不一定知道“使用者”如何使用、跑什么车辆、运输什么货物、有什么商业模式，但只要建好更宽、更平坦的路，一定会有创新者用好这条路。移动通信也类似，网络建设者不会预期到这张网络会有哪些新的应用出现。3G/4G 网络商用后，各种大规模的互联网业态是此前人们根本预期不到的，也不是规划和政策扶持出来的，运营商建设好网络基础设施，大量创新自然会跟进产生。

3G/4G 催生出来这些互联网业态，5G 时代一定不会止步于此，因为 5G

有超越4G更多的技术升级。下一个5—10年中，互联网的创新在很大程度上也会随着5G基础设施的完善而不断涌现。5G催生出的消费级移动智能终端不仅是智能手机，还有大量可联网的智能硬件，这些智能硬件一定会形成不同于以往的新的互联网业态。

可以预测，接下来几年的《互联网趋势报告》中，在5G基础上形成的新的互联网业态和互联网终端将纳入互联网女皇重点关注和预测的范围中。

2. 各垂直行业的数字化转型会催生更大的市场空间

从《2018年中国统计年鉴》的数据中可以看出，制造业是国民经济第一大行业，2016年该行业增加值已超过20万亿。制造业在过去并没有与4G产生太多关系，但目前制造业正在积极拥抱5G和物联网。5G的网络切片、边缘计算、低功耗大连接等创新正是可以为制造业核心业务数字化转型提供支撑的技术，在5G试点期间，也不乏大量智能制造的试用案例。

除此之外，其他传统行业在数字化转型中对5G也形成了大量需求。过去几年中，全球各类厂商所展示的5G案例大部分都是针对各行各业的物联网应用场景，可以说5G从诞生起，就与各种垂直行业密不可分，这个情况在以往3G/4G的发展中是很少见的。

由于面向的是国民经济的所有行业，5G在对垂直行业的支撑中带来的市场规模比3G/4G更大。此前，GE在《工业互联网：打破智慧与机器的边界》白皮书提出一个“1%与1万亿”的预估，即工业互联网1%的效率提升将创造1万亿美元的市场，例如，全球燃气发电厂生产效率提高1%，价值660亿美元的燃油将被“节约”；石油天然气勘探开发的资本利用率提高1%，每年将减少近900亿美元的资本支出。

类似地，5G对各行业数字化转型的支撑，在很大程度上可以带来行业效率的提升。即使是1%的效率提升，也会形成前所未有的市场规模。如制造业的1%就是数千亿的产出规模。

目前，中国已经进入5G正式商用时期，从过去20年物价指数的发展趋势来看，未来5G带来的通信服务价格也会持续走低，将会为国民经济各行各业数字化转型提供巨大红利。

2019年《互联网趋势报告》显示，由于互联网渗透率超过50%，全球互联网人口红利持续衰减，“互联网女皇”在报告中强调，新的增长点依然难觅。不过，在笔者看来，虽然人口红利在衰减，5G和物联网基础设施红利正在形成，在全球5G商用的加持下，未来互联网新的业态、新的终端会持续出现，更为重要的是，基于此基础设施，以各类物联网方案支撑的产业互联网将会带来新的市场空间，新的增长点并不难觅。

7.2 互联网巨头或许不适合建设运营网络基础设施

众所周知，5G网络投资巨大，各大运营商在网络建设运营过程中也在考虑引入更多投资主体以减少资金压力。除此之外，物联网也需要多种类型的网络基础设施，LoRa等非授权频谱技术由于其灵活性、简单性和低成本，给了大量非运营商主体建设运营网络基础设施的机会。在这一背景下，互联网企业就被业界很多人士认为是5G和物联网投资的一个主体。实际上，时至今日，互联网企业也没有直接去建设和运营一张5G或物联网网络。在笔者看来，5G时代互联网企业会将物联网作为一个重点布局的领域，但不会亲自上阵去建设运营重资产的网络基础设施。

2018年8月17日，中国铁塔与阿里巴巴签署战略合作协议，协议内容包括：中国铁塔将为阿里巴巴的物联网建设提供遍布全国的站址资源支撑服务。不少人解读此举为建设一张全国覆盖的LoRa物联网网络的前奏。当然，时至今日，阿里也没有部署一张大规模的物联网网络，可见网络基础设施并非其在物联网通信层布局的范畴。我们从以下几个方面来分析互联网企业部署全国性的物联网网络基础设施的可能性。

7.2.1 监管机构会发放基础电信运营牌照吗？

以最容易部署的 LoRa 网络为例，既然要做“一张全国覆盖的 LoRa 网络”的运营商，获取经营牌照是首先要解决的问题，不论是国内还是海外，监管机构一定不会容许一家没有许可证的企业开展全国性网络运营服务。但是，这个牌照并不像以往互联网企业申请 ISP、ICP 等牌照那么容易。

工业和信息化部发布的最新《电信业务分类目录》和《电信业务经营许可管理办法》等监管规章制度中规定：若采用 LoRa 搭建全国性覆盖的网络并对外运营，则这一业务可以归类到第二类基础电信业务中的“A25 网络接入设施业务”中。

A25 网络接入设施服务业务：网络接入设施服务业务是指以有线或无线方式提供的、与网络业务节点接口（SNI）或用户网络接口（UNI）相连接的接入设施服务业务。网络接入设施服务业务包括无线接入设施服务业务、有线接入设施服务业务、用户驻地网业务。

一张覆盖全国的 LoRa 网络可以进一步归类到“A25-1 无线接入设施服务业务”中。不论细分到哪个业务范畴，既然建设一张全国覆盖的网络，并公开对外开展业务，无疑提供的是基础电信业务，需要持有基础电信业务牌照。

目前，拥有基础电信业务牌照的除了中国移动、中国电信、中国联通三家电信运营商，只有广电国网、中国交通通信信息中心等少数国有单位也拥有此牌照，而且业务限制比较多。不论在国内还是海外，基础电信运营牌照都是一个难度极高的许可经营证书，互联网企业要想成为全国性的物联网网络运营商，这将是首个难以跨越的门槛。

监管不仅体现在基础电信业务牌照上，频谱的监管也是非常严格的一道门槛。微功率设备无线电频谱管理办法直到 2019 年 11 月工业和信息化部 52

号公告出炉才尘埃落定，最终监管政策关闭了非授权频谱全国性组网之门。

7.2.2 前车之鉴，网络运营的重资产模式不符合互联网企业风格

退一步来说，假设互联网巨头获得了基础电信运营牌照和频谱授权，投资并运营一张网络也是一个难度很大的工作，主要源于网络运营是一个重资产的模式。

互联网企业做网络运营有前车之鉴，最为典型的就是谷歌曾经进军的宽带服务运营业务谷歌光纤（Google Fiber）。本书第三章对此有过专门介绍，此处不再赘述。

从很大程度上来说，习惯了轻资产运营的互联网巨头，对需要投入大量资本、人力的重资产业务的不适应是谷歌光纤网络运营困境的主要原因之一。网络运营是一个脏活累活，电信运营商十多年积累了丰富的经验和遍布全国的运维人员，以及大量承担网络维护工作的“网优雇佣军”，才能实现稳定运营。中国移动的利润远远超过阿里巴巴、腾讯等互联网巨头，但其整体估值却远低于互联网巨头，资本、人力密集型的重资产模式是估值差距的原因之一。

与光纤宽带的运营有很多相似之处，无线网络运营一样是重资产的业务，例如，LoRa网络部署虽然具有相对灵活的低成本，但作为一张全国性的网络，长期的运维必不可少，因此需要一个长期运维的团队，更不用说比LoRa更为复杂的5G网络了。

7.2.3 网络建设运营的成本和应用匮乏这笔账怎么算?

作为全国性网络运营商，需要考虑的不仅是网络初始和滚动投资成本CAPEX，更为重要的是运营成本OPEX。不过，花巨资建好一张网络，就能马上带来大量的物联网业务吗？这里的成本收益也需要深入考虑。

以 LoRa 网络为例，从成本角度来看，由于 LoRa 相关设备成本较低，网络初始建设成本我们暂且不说，仅考察运营成本。在运营成本中，仅铁塔的租金便是一笔高昂的支出。笔者咨询过几家与铁塔合作的物联网厂商，获悉针对 LoRa 等物联网网络设备，铁塔租金根据不同城市、地域将租金分为多个档次，从每个站点每年 3 万～4 万元到 5000～6000 元不等，平均下来每个站点每年的租金成本超过 1 万元。对标中国联通的 30 万个 NB-IoT 基站，部署一张全国覆盖的物联网网络，假设需要部署 30 万个 LoRa 基站。按此计算，仅铁塔站址每年的租金支出就达到 30 亿元，由于每个铁塔都有土地租金、人力、电费等成本，除非运营商有其他模式可以给铁塔回报，否则即使是深度合作的伙伴，铁塔公司也不会免费提供站点。可能会有人认为 LoRa 网络部署灵活，不少基站并不一定需要铁塔站址，但作为一个全国性运营商要想实现真正的无缝覆盖和深度覆盖，30 万个基站远远不够，对于铁塔站址的需求也将随之增加。

铁塔的租金只是运营成本中的一部分，其他费用如人力、维护费用、动力等是每天都要支付的成本。LoRa 运营商在运营成本方面无法和现有的电信运营商相比，因为电信运营商本身已租赁了铁塔站址部署 2G/3G/4G 网络，在已租赁的站址上部署 NB-IoT 可以完全复用本身已有的各种资源，不仅铁塔租赁费边际成本几乎为零，而且运营维护、动力、传输等都可直接共用已有蜂窝网络的资源。

因此，物联网网络的建设应该是基于应用导向的建网模式，尤其是对于没有任何网络部署运营经验的厂商来说，更应该先有应用后再按需建网。三大运营商实现 NB-IoT 全国商用初期，基站升级已经完成，但并没有全部开通，而是采用按需开通的模式，有一定规模应用的场所后再开通。

从收入角度来看，作为一家网络运营商，卖连接能带来多少收益？电信运营商的物联网连接平均收入在持续下滑，未来每一个连接的收入可能低于 10 元/年，而 LoRa 作为更为经济的连接方式，其纯粹的连接收入不会高于电信运营商的收入，以此计算，若互联网巨头建设运营一张全国覆盖的 LoRa 网络，即使在未来 3～5 年中连接数能够以惊人的速度增长达到 10 亿个，那么其收入也不会超过百亿，而每年仅铁塔租金就要30亿元，再加上其他成本支出，使这张网络的收入非常微薄，通过网络运营为其他业务带来的增量还不确定。因此，从成本收益角度来看，互联网企业运营一张全国覆盖的物联网网络并不具有经济性。

7.2.4 需要考虑给合作伙伴留一条活路

再退一步，假设以上三个条件对于互联网来说都不是问题，它们可以运营一张全国性的物联网网络，那么新的问题又来了，这会对不少合作伙伴的生存空间造成挤占。

为什么这么说呢？物联网并不像互联网生态一样具有很明显的赢家通吃的效应，物联网的整个产业链很长且产业形态各异，一家企业无法涵盖所有环节，因此产业生态的合作共赢非常重要。在NB-IoT的产业生态中，电信运营商仍然延续其作为网络运营者的角色，产业链中的其他企业依然能够和其形成良性关系。在其他物联网通信业态中，由于各种灵活性技术的成熟，给了产业链各种类型、各种规模的参与者更多的创新机会，让不少垂直领域企业和中小企业有机会参与到网络运营中。若互联网自己成为一家网络运营巨头，则对于产业链上其他可以创新各种网络部署运营方式的参与者来说无疑是巨大的打击。

在大量开展的物联网项目中，存在多种形式的行业级、企业级物联网运营商及智慧城市项目运营商，这些群体本来是互联网巨头在物联网生态中的关键合作伙伴，若互联网巨头把运营商这一环节的工作也亲自做了，其生态战略还能推进吗？举例来说，不少互联网巨头参与的产业园区、智慧社区物联网项目中，往往会建设园区级LoRa网络，而这个网络一般由园区运营公司或第三方合作伙伴来运营，正是由于LoRa网络的灵活部署、灵活运营让更多企业可以获得物联网项目的参与机会，互联网巨头提供平台级解决方案及LoRa网络平台赋能支持，但不参与网络运营。

7.2.5 不做网络运营商，对互联网巨头物联网布局并无损失

有观点认为，互联网巨头做物联网网络运营商，是其对物联网布局话语权的一种体现，是抢占物联网先机的手段。其实不然，互联网巨头在布局物联网的路上若作为网络运营商能否获得先机不能确定，但不做运营商，对其物联网布局并不会有明显的负面影响。

一直以来，互联网巨头改变甚至颠覆传统电信业务的模式并不是靠建设、运营一个与电信运营商类似的基础设施来实现的，而是通过提供更好的应用、内容和商业模式，把电信业进一步管道化来实现的。举例来说，微信的出现让电信业现金牛的短信业务陷入断崖式下跌，不久后微信语音的上线在一定程度上替代了移动语音通话的很大一部分市场。所有这些对电信业的大规模冲击，都是借助于互联网企业对用户需求的精准挖掘、对优质应用的开发，以及其丰富的内容制作，绝对不是由于互联网公司自己去投资建设网络基础设施和运营网络而获得的。

互联网巨头没有做任何网络建设运营的工作，但却把网络运营管道化了，依靠的是应用、内容、用户获得的话语权；物联网时代，网络连接虽然依然很重要，但其在整个产业链中的价值将进一步下降。互联网巨头若是能够继续向着物联网应用、用户需求的方向探索，组建更完善的产业生态，一样可以让网络运营进一步管道化，一样也可以获得在物联网产业中的一定的话语权。

因此，在5G时代互联网公司一定不会放弃5G和物联网带来的产业红利，但获取红利的方式并不是建设并运营一张与运营商直接竞争的网络。在 5G物联网产业生态中，各方还是各行其道，充分发挥各自优势共同合作推进产业生态的壮大。

7.3 互联网巨头进入物联网的生意经

2018 年 7 月，腾讯宣布加入 LoRa 联盟，这是继阿里巴巴和谷歌之后，又一家互联网巨头加入该组织。互联网企业将物联网作为未来重要方向进行布局并不是什么新鲜事，新鲜的是阿里巴巴、谷歌、腾讯这三家全球顶级的互联网公司都青睐于这家成立仅 3 年的物联网联盟组织。这是一场双方彼此需要的合作，从具体业务来看，虽然 LoRa 只是互联网巨头的物联网平台布局中所支持的其中一种接入方式，但 LoRa 的产业生态在互联网巨头的物联网布局中占有一定的分量。

在笔者看来，LoRa 是互联网巨头布局物联网产业生态的一个很好的切入点，这方面的意义重大。从某种意义上来说，通信、互联网、IT 等行业的巨头虽然处于不同领域，但在物联网布局上具有一定的趋同性，而各跨界巨头在物联网业务上的竞争力在于对生态的经营，对于在物联网业务上入局相对稍晚的互联网巨头来说，将 LoRa 生态作为入口是一个较好的选择。我们不妨从技术标准、布局速度和生态拓展三方面来具体分析一下。

7.3.1 参与技术标准制定，作为标准布局的起步

在高度碎片化的物联网市场中，通信层成为整个产业中最可能实现标准化的领域。互联网企业在物联网中的技术标准积累较少，加入 LoRa 联盟可以为其参与广域物联网网络标准的制定打开一扇门。为什么这么说呢？我们先从 LoRa 和 LoRaWAN 的区别开始谈起。

大众对于 LoRa 和 LoRaWAN 往往存在一些混淆。实际上，LoRa 属于物理层的一种调制技术，是采用线性调制扩频的技术，可以显著提高接收灵敏度，实现比其他调制方式更远的通信距离，这一技术由 Semtech 拥有，

而且 Semtech 推出了搭载该技术的芯片，包括用于网关和用于终端的不同款 LoRa 芯片。理论上来说，用户可以通过 Mesh、点对点或者星形的网络协议和架构实现灵活组网。

而 LoRaWAN 是一种大容量、低功耗的星形组网架构和协议，可以实现无线广域组网，而制定和优化该协议正是 LoRa 联盟的主要工作。从 LoRaWAN 的网络架构来看，LoRa 调制技术主要用于终端节点到网关之间的数据传输，这是整个 LoRaWAN 网络的核心环节之一，不过这并不是 LoRaWAN 的全部，更不是 LoRa 产业生态的全部。

LoRaWAN 协议规范涵盖了终端节点至应用服务器路径上所有环节的实现，其内容在终端电池寿命、网络容量、服务质量、安全等各方面都有考虑，例如，通过安排异步机制相比蜂窝网络同步机制大大减少了电量消耗，通过自适应速率（ADR）方式增加网络容量，通过互操作机制确保不同网络运营商之间可以互联互通等。LoRaWAN 规范是联盟成员共同参与的、开放性的协议，这就给了 LoRa 联盟成员一个参与技术标准制定工作的机会。

LoRa 产业生态受到质疑最多的莫过于芯片来源于唯一供应商，这主要是因为 LoRa 物理层调制技术与芯片绑定在一起，确实给下游形成了一定风险。但 LoRaWAN 开放的标准规范不受此影响。我们可以参考 NB-IoT 标准，LoRaWAN 标准的上下行调制技术采用 LoRa，与 NB-IoT 上行和下行分别采用 SC-FDMA 和 OFDMA 可以做类比，这两个技术专利所有者分别是爱立信和高通，由于高通、爱立信等通信企业在知识产权方面已经有成熟的商业模式，并没有形成某一环节垄断的供应商，供应商可以拿开放的标准文本生产相应产品。

同样，LoRaWAN 标准中虽然 LoRa 调制技术占据重要地位，但整个标准的制定是一个大工程，依然给了其他企业很多参与机会。对照 LoRaWAN 规范 1.1 版本和以前的版本，不难发现参与标准制定的企业更多了，以前主要是 Semtech、Actility、IBM 等几家企业，现在新增了金雅拓、ST、Microchip、思科、Bouygues、Orange、TrackNet、MultiTech 等大量产业链上的企业。

在 3GPP 这样的以通信业巨头为主的标准化组织中，诸如高通、华为这些经过数十年的积累形成了一定的产业资源、技术专利的企业才能在这一组织中有影响力，掌握一定的产业话语权。互联网企业在通信业标准方面的专利积累非常少、产业链影响力较小，面对 NB-IoT 及 5G 等物联网标准，很难参与进来，更不用说产生重大贡献和掌握话语权了。不过，LoRaWAN 标准作为一个问世时间较短且相对简单的开放标准，新入局的互联网巨头相对容易参与到标准化的工作中。目前，阿里巴巴已在 LoRa 联盟标准制定工作中开始提交相关提案，而谷歌、腾讯等互联网巨头也希望在 LoRaWAN 标准中做出贡献，互联网巨头开始具有一定的话语权。

参与 LoRaWAN 标准制定是一个比较容易切入的入口，但互联网巨头们不会止步于此，通过 LoRaWAN 在物联网通信层标准中占据一席之地，后续可以将标准工作的影响力扩展到其他层面。可以说这是互联网巨头的物联网生意经中的重要一步。

7.3.2 灵活性部署更符合互联网“轻资产”的风格

LoRaWAN 的一个特点就是部署的灵活性，这给了各个行业、各种规模的企业参与物联网网络部署的机会，也给了企业能够“轻资产”运营的机会，灵活性让互联网企业和 LoRaWAN 两者的风格更为搭配。

1. 灵活性带来跨界参与机会

在笔者 3 年前参加的一个论坛上，针对运营商，研究院的专家提到：NB-IoT/eMTC 是一个电信级的技术，LoRaWAN、Sigfox 只是一个 IT 级的技术。一直以来，电信级技术代表的通信的是高可靠性，通信系统很多指标追求 4 个 9，即达到 99.99%的可用性，然而这种高可靠性的背后是高复杂性，以及灵活性不足，有时会丧失市场先机；而 IT 级技术在可靠性方面虽然逊色，但其灵活性往往使其能够快速占领市场。一位 5G 专家曾经提到一个案例，通信业对 VoLTE 追求的是高质量、高可靠性等各种电信级指标，结果 VoLTE 商用速度很慢，但微信语音通话就没有去追求各种电信级的指标，结果快速普及，大量用户直接使用微信语音进行通话，对蜂窝网络的话音市场形成一定程度的替代。

这种电信级和 IT 级灵活性的差异在物联网尤其是低功耗广域网络（LPWAN）上的体现也十分明显，早在 NB-IoT 标准及产业链还未成熟的时候，Sigfox 已在数十个国家建网，法国 Orange、荷兰 KPN、韩国 SKT 等主流运营商也采用“刚刚出生”的 LoRaWAN 部署全国性的物联网网络，截至目前，已有多家主流运营商实现全国部署，占据了本该属于蜂窝网络 NB-IoT 的市场。除此之外，LoRaWAN 的这种灵活性给了想跨界进入物联网通信网络领域的玩家更多机会，典型的就是美国第一大有线电视运营商康卡斯特开始涉足物联网通信网络，我国国内多家广电企业也开始了 LoRaWAN 网络的部署。若只有电信级的技术标准，跨界的厂商是根本没有机会在物联网通信网络上布局的。过去的几十年中，广域无线网络的话语权都掌握在传统通信业巨头的手里，运营商、设备商占据主导，互联网企业虽然通过 OTT 将运营商管道化，但这个管道是他们绕不开的基础设施，互联网企业在其中也没有任何话语权。LoRaWAN 网络部署的灵活性给了互联网企业布局无线广域网络的机会。

2. 灵活性带来“轻资产”机会

LoRaWAN 的灵活性还体现在可以形成多种创新的网络部署模式和商业模式，给互联网巨头在物联网业务上带来“轻资产”运营的机会。

基于授权频谱的 NB-IoT/eMTC 采用传统蜂窝网络的部署和商业模式，这种模式处于国家高度监管之下，需要专门的频谱授权及经营牌照，也需要每年千亿级的投资，更需要长期、大量的人力投入来运营维护这张网络。虽然互联网巨头可能有实力获得相关牌照并投入巨资建网，但这种“重资产”的模式并不是互联网企业所擅长的，也会拖累互联网公司发展的速度，如此前谷歌进行的宽带光纤网络建设运营，这种重资产的运营最终并未成功。

LoRa 联盟在 LoRaWAN 技术白皮书中提到，LoRaWAN 规范只给出网络部署的技术架构，商业模式由市场创新决定。经过几年的发展，各领域大量企业已经探索出多种形式的网络部署方式和商业模式，运营商级公网、行业级专网、私网、共享式部署等多种方式已有实践。不少部署方式是按应用分布实现按需部署的，不用一开始就背上高投资网络的负担；LoRaWAN 网络的部署也有共享的模式，通过一个专业的网管平台将所有分散化部署的网关进行共享，如阿里云推出的 LinkWan 平台和荷兰的 TTN 平台，就可以让全球各地分散的网关接入进来，实现专业化运维，且能相互共享网络资源。这些创新的部署方式和商业模式并不适合传统通信行业企业的部署，但对于互联网企业来说却是很好的部署方式，通过这些方式，互联网巨头们可能无须投入到网络建设和运维中，可借助自身强大的平台能力和品牌影响力形成杠杆作用，撬动更多网络资源，实现“轻资产”运营。

7.3.3 传统厂商和行业用户的入口，促进“互联网+”落地

互联网巨头经过多年的经营，虽然已形成庞大的生态体系，但他们这一生态体系并未涵盖物联网产业生态的主要参与者。互联网生态将大量软件开发、消费为主的主体纳入其中，一直以来，互联网企业对硬件相关的企业影响力有限，而且对于传统行业互联网企业只能提供有限的信息化产品和云服务，不一定涉及核心生产经营流程。但物联网产业生态中大多是大量硬件相关的企业，如芯片、传感器、通信设备、终端、网络等，更为重要的是物联网的实施需要对大量传统行业核心生产经营流程进行革新，这些都是互联网生态中所缺乏的。因此，找到一个“入口”，让互联网企业将广泛的硬件企业和传统厂商纳入其生态中，是互联网巨头布局物联网的关键步骤。笔者认为，在 LoRa 联盟的推动下形成的产业生态是互联网巨头获取物联网产业生态的一个较好的切入点。

首先，近几年通信业的话语权主要掌握在运营商和设备商巨头手中，由于这些巨头本身就掌握通信管道的优势，十多年前就已经开展了物联网业务，影响到了硬件和下游垂直行业，经过多年积累，这些企业已经有相对庞大的物联网产业生态群体。互联网巨头若加入基于授权频谱的产业组织中，不仅无法吸引产业链资源，而且更容易被通信业巨头边缘化，因此需要有新的突破口。

其次，目前参与 LoRaWAN 的群体大多都是中小企业，影响力有限，在国内尤其如此，互联网巨头的加入，除了其本身具有影响力，一方面也给这些中小企业群体带来更多的信心，另一方面互联网巨头和这些中小企业业务互补性更强，更容易形成互动。这给互联网巨头获取物联网产业生

态资源提供了可能性。

再次，经过多年的发展，仅国内做与 LoRa 和 LoRaWAN 相关业务的企业就超过千家，他们为分散在全国各地的垂直行业客户提供服务，因此也形成了一个庞大的群体。这些硬件生产商、集成商、解决方案供应商和传统行业客户都是互联网巨头之前的生态中缺少的企业，因此互联网巨头很有必要进入这一领域，获取产业生态资源。

此前，互联网巨头可以通过其平台能力影响开发者群体，目前，互联网巨头进入 LoRa 生态中，其影响力可以向上下游延伸。一方面，互联网巨头的云服务、大数据、人工智能等能力给产业链上下游企业赋能，与这一群体中的大部分企业形成业务互补关系；另一方面，互联网巨头能够借助自身影响力，获得大型政府类或商业类项目，给产业链上游芯片、模组、传感器及通信设备、终端企业带来更多市场机会。

当然，互联网巨头的参与不是仅限于获取 LoRa 产业链的资源，而是面向整个物联网产业的。由于这一群体中大部分企业也是技术中立性的，他们也有 LoRa 之外的 NB-IoT/eMTC、WiFi、Zigbee 等相关的产品、方案、客户。另外，有了这些企业资源作为其物联网生态的基础，互联网巨头们能形成更多的物联网产品、方案和商业模式，进一步扩展到其他细分行业企业也相对容易。因此，LoRa 产业生态可以说是其物联网产业生态生意经的一个“入口”。

7.4 阿里大手笔布局物联网新赛道

2018 年 3 月，在深圳举行的云栖大会上，阿里巴巴宣布将正式进军物联网，且表示物联网是阿里巴巴集团继电商、金融、物流、云计算之后的一条新的主赛道。此消息宣布当天便成为科技圈里的头等大事，与物联网相关的股票全线涨停。图 7-6 总结了阿里巴巴的物联网大手笔布局，涉及端、边、管、云、用各个环节，能提供端到端的服务能力，当然在阿里巴巴的整个物联网布局图谱中，多个领域具有新型基础设施的特征。

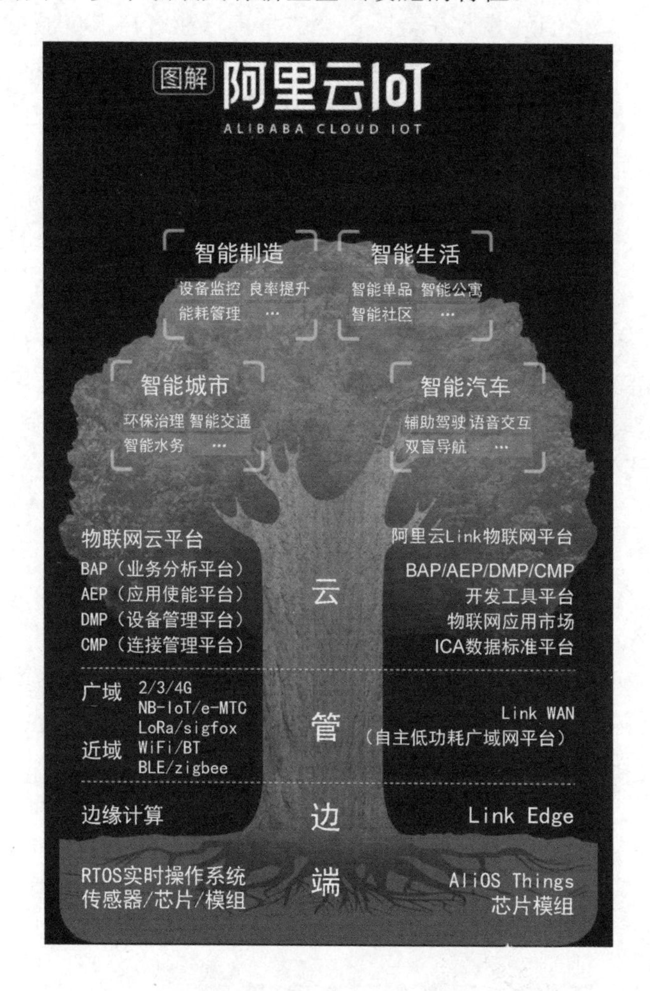

图 7-6 阿里巴巴的物联网布局

（来源：阿里云 IoT）

由于阿里巴巴的物联网隶属于阿里云体系，有其传统优势，所以布局云端平台的基础设施是必不可少的。不过，“管”侧的网络和“端”侧的芯片并非互联网公司所擅长的领域，那么阿里巴巴是如何在这两个领域进行物联网基础设施布局的？

7.4.1 广域网络管理平台切入“管”侧

值得注意的是，在深圳云栖大会上，阿里云宣布与中国联通、Semtech 达成合作，发布国内首个 LoRa 城域物联网试商用。在笔者看来，部署网络基础设施并非互联网公司的目的，这只是个手段，而对网络基础设施进行管理的 LinkWan 平台才是阿里巴巴物联网“管”侧基础设施的形式。

‖要让每个企业都有 LoRa 网络的 LinkWan 平台新基建

我们知道，以往广域网络的部署基本垄断在专业的通信企业手中，由于需要巨额投资、专有技术、专用设备、牌照等壁垒，其他参与者都被排除在外。而 LoRa 的灵活性可以让一个广域网络的部署难度大大下降，中小企业甚至个人都可以成为网络部署运营者。除了 LoRa 相关设备的门槛不高、中小团队可参与，一些为 LoRa 网络部署提供加速的第三方平台也很重要。

在阿里巴巴发布物联网战略之前，已有不少第三方平台逐渐成熟，值得一提的是荷兰的 TTN（The Things Network）团队，该团队的理念是：只需拥有一个 LoRaWan 网关，人人都可以搭建 LoRaWan 网络。网络部署之所以如此简单，是因为 TTN 搭建的一个开源平台，实现了一个云端 LoRa 核心网和业务运营支撑系统（BOSS），网关拥有者只要在这个平台上注册，即可通过该平台提供的功能对自己的网关进行运营，所有接入该网关的模块、传感器数据都可以进行管理。

阿里巴巴推出的 LinkWan 平台，当然也会在最大程度上加速 LoRa 网络的部署。阿里巴巴在对 LinkWan 平台的介绍中提到：“今天每个家庭都有 WiFi 网络，未来每个企业都有 LoRa 网络。”可以认为是对这种理念的最好阐释。

同样地，LinkWan 搭建了一个 LoRa 网络核心网和运营支撑平台，提供基站与节点等设备的接入，且有基站与终端的管理界面，用户可自主搭建 LPWAN 网络，自由搭配 LPWAN 终端产品和应用，形成完整解决方案。基于阿里云的强大生态和功能，在 LinkWan 平台上进行网络连接管理的基础上，结合阿里云 PaaS 服务可为用户形成完整的解决方案，此时所加速的不仅是网络部署，还进一步加速了 LoRa 具体解决方案的落地。在这方面，LinkWan 相对于其他第三方 LoRa 云端服务平台形成了巨大的优势。

当 LinkWan 平台让每个企业都能低门槛地建设 LoRa 网络时，已建设试点的城域网络规模只是一个起步，LoRa 灵活性的特征可以做到按需部署，在有需求的情况下网络规模可以快速扩容。

7.4.2 获取 LoRa 芯片授权，形成“端”侧基础设施

从阿里巴巴的物联网战略布局中可以看出，在“端”侧阿里巴巴推出了专门的轻量级操作系统 AliOS Things，并广泛地与各类芯片、模组厂商合作，使该操作系统嵌入芯片模组中，并保证用户能够快速上云。除了这款操作系统，阿里巴巴在物联网“端”侧基础设施的布局中，最重要的莫过于对芯片本身的布局。

在 2018 年 9 月杭州云栖大会期间，阿里云 IoT 与 Semtech 正式签署了 LoRa IP 授权协议，并重磅发布了国内首款 LoRa 系统芯片。这是国内厂商首次获得 LoRa IP 授权，也是继意法半导体（ST）之后，Semtech 发出的第二个 LoRa IP 正式授权。这一事件，也形成了阿里在“端”侧布局物联网新基建的重要手段。

在笔者看来，本次 Semtech 和阿里云 IoT 针对 LoRa IP 的合作的亮点集中体现在以下两方面。

1. 不仅是 LoRa 晶圆的授权，更是 LoRa IP 内核层级的授权

此前，除了 ST，多家厂商通过获取 LoRa 晶圆的方式，推出 SiP 级芯片或模块，如 Microchip、群登科技等，而本次 Semtech 与阿里云 IoT 的合作，不仅获取了 LoRa 晶圆授权，更为重要的是获取了 LoRa 内核层级的 IP 授权。

用 LoRa 晶圆来做 SiP 级芯片，给予了其他厂商在 LoRa 芯片领域的创新空间，而在 LoRa IP 的基础上进行芯片开发，芯片厂商可以在此基础上根据

市场需求，创建自己的芯片架构，自行增加片上的各种外设，给予国内芯片厂商更多创新空间，在一定程度上形成具有自主知识产权的 LoRa 芯片。

2. 快速落地，首款国产 LoRa 芯片已问世，后续路径明确

不仅是 LoRa IP 授权，在 Semtech 和阿里云签署 IP 协议的同时，LoRa 芯片设计在国内落地已有初步成果。ASR（翱捷科技）这家拥有阿里巴巴投资背景的国内芯片厂商在 2018 年 9 月 20 日云栖大会当天发布了其设计的首款 LoRa 系统级芯片 ASR6501。此后 ASR 又推出了 6502/6505 多款产品。

对于物联网芯片，阿里云 IoT 事业部虽然自身主营业务并没有物联网芯片设计，但过去几年阿里巴巴在芯片领域做了大量战略布局，投资、控股了多家芯片设计企业，使得其获得 LoRa IP 授权后，有能力提供 LoRa 芯片。除此之外，隶属于阿里巴巴达摩院的平头哥作为国内领先的芯片设计公司，也相继推出多款有竞争力的产品。

当然，在 5G 商用后，由于此前在物联网领域的充分实践，阿里巴巴的物联网布局中也必将把 5G 带来的物联网业态纳入其中，补齐其业务版图。

7.5 腾讯物联网开发生态的布局之道

腾讯作为另一家互联网巨头，当然不会放弃物联网的机会。在过去几年里，腾讯也开启了端、边、管、云、用各个领域端到端的布局，每一领域均有相应的产品或解决方案，与阿里的物联网布局形成类比。相同的是，腾讯和阿里都将 LoRa 作为其进军物联网的一个切入点，当然，平台级基础设施也是腾讯重要的物联网新基建，不过双方的路径还是有很大区别的。

2019 年，在荷兰阿姆斯特丹召开 The Things Conference（物联网大会）

会议期间，腾讯与 The Things Network（TTN）宣布战略合作，共同打造 LoRaWAN 开放网络和服务，可以看出腾讯借助开发者生态来推进其物联网布局的思路。2019 年 5 月，在腾讯数字生态大会期间，腾讯正式发布了物联网开发者社区平台——Tencent Things Network。此平台将面向开发者提供物联网连接管理服务，以及具有用户指南、开发教程、应用案例等丰富内容的社区门户。

7.5.1 打破非授权频谱物联网创新的瓶颈

在腾讯对外发布的新闻稿中，对这一物联网开发者社区平台的愿景是这么描述的："旨在面向开发者提供开放的 IoT 网络服务，社区门户、微信小程序、IoT Explorer、IoT Hub 等服务集成能力，从而帮助开发者快速创建丰富的物联网行业应用。"也就是说，业界从腾讯物联网开发者社区平台可以获得两方面的支持：面向开发者的 LoRaWAN 网络服务、腾讯特色的各类资源。这两方面也确实是当前物联网应用层所需要的，而且腾讯也在走出一条差异化的物联网发展道路。

经过多年的发展，LoRaWAN 的硬件已经基本达到了廉价化、通用化、灵活化的目标。2019 年年初，TTN 发布了一款价格仅 70 美元的室内 LoRaWAN 网关，这种超级廉价的硬件的推出，进一步降低了 LoRaWAN 应用的成本门槛，全球的 LoRaWAN 设备厂商也在相继推出廉价的网关。随着采用 LoRaWAN 规范的厂商数量的增长，所有硬件厂商的网关基本都支持 LoRaWAN 规范，LoRaWAN 具有全球通用性的特点，而且 LoRaWAN 网络本身具有快速部署的特点，越来越多的传感器厂商推出支持 LoRaWAN 的产品。

不过，硬件廉价、通用和灵活并不一定能够带来应用的快速落地，LoRaWAN 核心网在落地的过程中发挥着重要作用。在过去几年中，全球大量厂商都有自身的 LoRa 网络管理服务平台，并发挥着核心网的作用，不过更多是私有的网络管理平台，为用户一对一提供服务。荷兰 TTN 的几位创始人就针对这一状况上线了一个完全开放接入的 LoRaWAN 网络管理平台，让所有需要借助 LoRaWAN 网络进行应用部署的用户可以便捷地管理和使用网络。

近年来，小型、室内 LoRaWAN 网关的普及，在国内 LoRa 生态发展中将会发挥关键作用。首先，工业和信息化部 52 号公告的出台，对 LoRaWAN 大规模组网部署形成限制，为应对政策的可能性风险，发展室内应用，在室内部署的网关主要覆盖局域范围，可以从某种程度上规避类似的强监管。其次，大量工厂、园区已经有很多应用场景出现，由于仅需要在小范围内部署，很多情况下部署室内网关比较合适，增加了室内网关的出货量。再次，在 NB-IoT 网络部署盲区或信号不足的地方，进行专门的网络优化成本高、难度大，LoRa 室内网关具有快速补盲的作用，与 NB-IoT 共同配合完成一些项目，是目前很多落地项目的常用方式。

与室内网关类似的硬件门槛的降低，会提供海量的创新空间，各行各业的创新者并不是通信网络的专家，他们需要快速、极简的网络部署和接入，势必需要更加简化的核心网管理平台，开放的平台是一个较好的选择。TTN 平台所提供的开放的 LoRaWAN 网络管理工具，使得其在过去的 4 年中，吸引了 7 万多名开发者，超过 7000 个 LoRaWAN 社区网关在平台上运行，成为全球最大的、开放的 LoRaWAN 网络管理平台。腾讯与 TTN 的合作，将这一模式引入中国，为各类规模化和碎片化的应用创新提供了快速接入网络的管理平台。

7.5.2 两大关键词，腾讯在 LoRa 领域的探索路径

腾讯在 LoRa 产业生态推进的动作频繁，继 2018 年 7 月腾讯以最高级别会员的身份加入 LoRa 联盟后，2019 年又成功入选 LoRa 联盟董事会成员，腾讯希望在全球 LoRa 产业生态发展中也发挥一定的引领作用。作为一个后起之秀，在 LoRa 产业生态发展中走一条与其他巨头差异化的道路不失为一个更好的选择。

笔者认为，从腾讯与 TTN 双方合作的内容中可以总结出腾讯在 LoRa 物联网方面的两个关键词：开放、开发者。这两个关键词，体现出腾讯对这一领域探索的路径。

在 LoRa 物联网生态中腾讯“开放”的关键词体现在什么地方？笔者认为重点在于其对于 LoRaWAN 网络的态度。我们可以看到，很多 LoRa 生态的玩家均推出自主开发的 LoRaWAN 网络管理平台，而腾讯面向开发者这一端提供开放的社区 LoRaWAN 网络，并将一系列简单易用的开发工具提供给用户。

TTN 在过去 4 年中已经实现了对全球 7000 多个 LoRaWAN 基站提供管理运维支撑，在此基础上形成了丰富的网络管理经验和安全经验，将这些经验以开放平台的形式提供给合作伙伴，是腾讯给其合作伙伴提供极简的网络建设、网络管理和网络维护服务支持所必需的。因此，这一开放平台的落地，对于腾讯探索如何加速撬动全国合作伙伴，快速建设和管理更多 LoRaWAN 网络具有重要意义。从这个角度来看，开放意味着腾讯自己不建设 LoRaWAN 网络，但给合作伙伴建设 LoRaWAN 网络提供加速服务。

“开发者”是腾讯在 LoRa 物联网方面的另一个核心关键词，这个关键词让腾讯与其他参与 LoRa 生态的巨头在战略战术上形成明显的差异化。当然，其他参与 LoRa 生态的大型公司并非不重视开发者，这些公司也在以各种形式发展自己的开发者群体，但总体上这些公司的战略切入点并不是开发者。通过发展物联网产业链企业、独立软件供应商（ISV）、系统集成商（SI）群体，进入自己的物联网产业生态中，是以往各类厂商常用的手段。而腾讯则先从开发者入手，搭建 LoRa 产业生态。腾讯本身拥有的微信小程序、IoT Explorer 及 IoT Hub 等资源，也给开发者提供了更多创新的工具，与 TTN 的开发者模式互为补充。

在笔者看来，目前不论是基于 LoRa 还是 NB-IoT 或者其他低功耗物联网的产业其发展并不在于网络的部署，而在于下游应用的创新，物联网技术只是提供了一个工具，需要国民经济各行各业的用户、开发者从自身对行业的理解出发，借助这些工具去创新。提供硬件、通信、集成服务的厂商往往只能孵化一些常用的应用，而具有广泛用户触点的各类开发者才是提供丰富应用的主力群体。过去移动互联网的发展历史，可以说是各类开发者将各种商业模式变为现实的过程，形成了改变人们衣食住行方方面面的丰富应用。

7.6 5G 时代物联网能否给运营商带来新的增长点

互联网企业纷纷入局物联网，而长期提供通信服务的运营商，十多年前其实就已经开始了物联网业务，而且未来运营商所经营的连接数里，物联网会占绝大多数。5G 时代的来临，带来更多的物联网业务。但是，作为 5G 基础设施部署的主力，运营商能否依靠物联网形成新的收入增长点？

7.6.1 运营商的“奢侈业务”

一直以来，全球主流的运营商对于物联网保持着非常积极的态度，包括海外的沃达丰、AT&T、Verizon 等公司和国内的三大运营商。然而，正如业内专家所说：物联网是运营商的“奢侈业务”，全球数百家运营商，能够从物联网中获得红利的只有少数。

笔者认为，“奢侈业务”这一观点道出了全球运营商群体在物联网业务面前的境遇，物联网只是少数头部运营商“玩转”的业务。为什么这么说呢？我们不妨来通过三方面的数据来考察一下。

1. 不管是现在还是未来，全球蜂窝物联网连接数都呈现明显的头部效应

知名市场研究机构 Counterpoint 此前发布的数据显示，2018 年上半年，全球前十大运营商占据了全球蜂窝物联网连接数 83%的份额，前五大运营商占据了全球蜂窝物联网连接数 73%的份额，而前三大运营商占据了全球蜂窝物联网连接数 60%的份额，如图 7-7 所示。

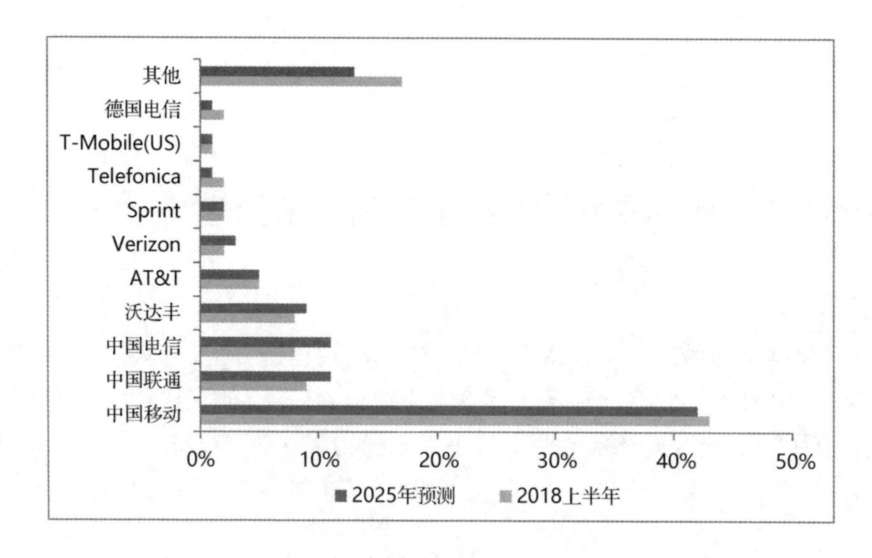

图7-7 主要运营商占全球蜂窝物联网连接数的比例

（来源：Counterpoint）

观察占据全球市场绝大多数份额的前十大运营商，均是来自中国、美国和欧洲三地的运营商。位于前三名的是我国的三大运营商，经过过去十多年的发展，我国国内三大运营商不论是在移动用户数量还是固网用户数量方面均是海外其他运营商无法望其项背的，物联网连接数位于前三名也没有什么悬念；沃达丰作为全球网络覆盖范围最广的运营商，具有不可比拟的"一点接入、全球服务"优势，所以也成为物联网的头部运营商；接下来是美国的几家运营商，Telefonica和德国电信这两家欧洲运营商和沃达丰类似，也拥有全球化的市场。

其他数百家运营商的蜂窝物联网连接数仅占17%，到2025年这一数字将下降到13%。对于运营商来说，当连接数这一最基本的保证都达不到时，谈何去实现收入？因此可以肯定的是，除了少数头部运营商，大部分运营商无法获得蜂窝物联网发展的红利。物联网或许可能成为少数头部运营商转型和新的战略业务的机遇，但对于全球大部分运营商来说并不一定是机遇，可见只有少数拥有足够粮草的运营商能够持续投入这一"奢侈业务"。

2. 物联网对运营商的收入还是微不足道

全球大部分运营商并未公开其物联网收入数据，笔者从市场研究机构 Analysys Mason 和运营商财报中获取了几家运营商的物联网收入数据。从图 7-8 可以看出，物联网业务只占运营商总收入的极少部分。已公布数据的运营商中，沃达丰的物联网收入占比最高为 1.6%，Verizon 的物联网收入占比 1.2%，其他运营商的物联网收入占比还未达到 1%。

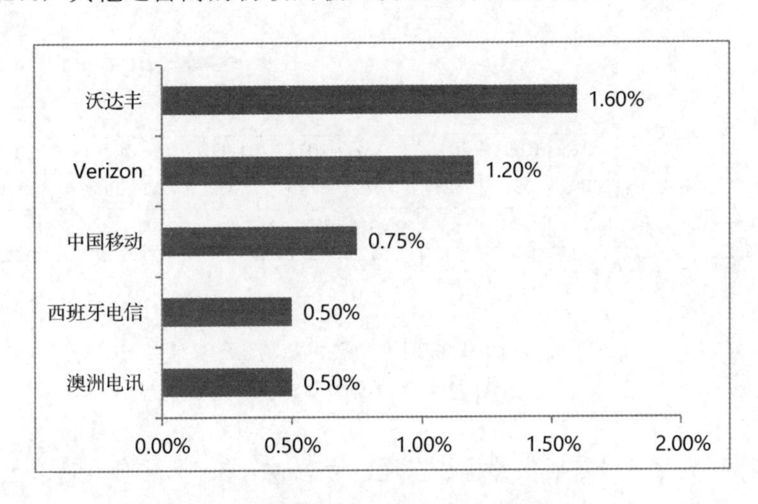

图 7-8　主要运营商物联网收入占总收入比重

就像全球运营商面临增量不增收的“剪刀差”趋势一样，运营商物联网也面临着连接增速远远快于收入增速的“剪刀差”，因此其平均连接收入总体来说是下滑的。要保证物联网整体收入的增长，连接数的增长速度要远远快于单个连接收入下滑的速度。图 7-9 显示了中国移动近年来连接增速和收入增速的对比。

对于那些目前已经取得物联网规模化收入的运营商来说，它们的物联网业务多聚集于一些垂直行业，而且一些业务还是通过并购形成的。例如，沃达丰在 2014 年以 1.9 亿美元收购了意大利的 Cobra Automotive 公司，增强了其在车联网领域的实力，目前沃达丰已连接了超过 1400 万辆汽车；Verizon 在过去的两年中收购了 Telogis 和 Fleetmatics 两家车联网公司，在智慧城市领域收购了 Sensity 和 LQD 两家公司，使其物联网业务单季度实现 60%以上的增长。聚焦高价值的垂直行业可使物联网业务能够有规模化的收入。

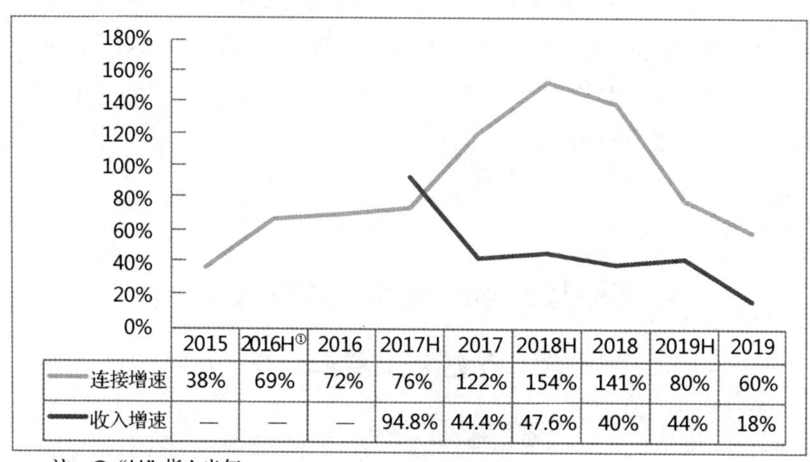

	2015	2016H①	2016	2017H	2017	2018H	2018	2019H	2019
连接增速	38%	69%	72%	76%	122%	154%	141%	80%	60%
收入增速	—	—	—	94.8%	44.4%	47.6%	40%	44%	18%

注：①“H”指上半年

图 7-9　中国移动连接增速和收入增速的对比
（数据来源：中国移动）

若物联网收入多年后依然徘徊在运营商总收入的 1%左右，对于运营商来说便无法承担“新收入增长点”的重任，其“奢侈业务”的特点会越来越明显。

3．运营商开展系统性物联网业务的投入成本较高

当前，全球已有超过 90 张 NB-IoT 网络。正如前面 Counterpoint 的数据显示，未来数年中近 87%的物联网连接数集中于全球前十大运营商，其他数百家运营商只瓜分剩余 13%的份额。以此推算，除了前十家运营商，其他运营商将部署至少 80 张以上的 NB-IoT 网络，而这些数量的网络将承载剩余 13%的连接数，不少网络承载的连接数将非常少。未来，5G 建设在全球展开后，基于 5G 的物联网连接也会呈现类似的情况。

运营商的物联网收入比例非常低，但建设支撑物联网业务的网络基础设施的成本并不低。除此之外，其他的投入也是巨大的。要系统性地开展物联网业务，产品规划、技术研发、销售体系等方面都需要投入，仅人员成本一

项就是一笔不小的投入。从头部运营商的投入来看，沃达丰已成立专门的物联网事业部，在全球拥有超过1400名物联网专家，由于其物联网的整体营收不错，所以人均产出较高；国内的三大运营商都分别成立了独立的物联网公司，很多省公司还成立了专门的物联网中心，大量人员参与其中。以中国移动为例，其旗下的中移物联已有超过2000名物联网专业人员，再加上31个省公司政企部门中负责物联网的人员，这个庞大的人员体系是一般企业无法承担的。

一边是“奢侈业务”，另一边是5G的商用。要在5G时代使物联网成为新的收入增长点，运营商需要有极大的变革动力。

7.6.2 寻找超越连接的价值：从连接到解决方案

运营商要想获得物联网发展带来的红利，首先必须要抓住连接这个入口，没有连接，后续的价值就无从谈起。不过，仅仅获得连接这个入口还不足以获得物联网发展的红利，因为连接带来的价值很低。运营商为了实现物联网连接付出了很大的代价，然而却仅获取到少量的价值。目前，全球主流运营商针对物联网开始提供多样化的业务选择，开启了寻找超越连接价值的旅程。表7-1总结了运营商物联网的业务模式。

表7-1 运营商物联网的业务模式

选　项	连　接	横向平台	垂直方案
无业务	×	×	×
仅连接	√	×	×
连接+横向平台	√	√	×
连接+垂直方案	√	×	√
全部提供	√	√	√

一般来说，连接是指授权频谱的蜂窝网络方案，包括提供2G、4G、

NB-IoT、5G 等网络。然而，近年来大量非授权频谱广域网络技术的出现，正在蚕食本属于运营商的连接市场，而且大量用户希望以自有的专网来保障业务安全和可靠性，不采用运营商提供的公共网络。横向平台包括设备管理、应用使能等在构建物联网具体解决方案时所需要的共性化支撑能力；而垂直方案则是为了解决用户某个具体问题、痛点提供的端到端的方案，需要将各个合作伙伴的产品、服务集成起来才能形成完善的方案，有些在运营商业务体系中被称为 ICT 项目。这些项目组合形成运营商的各类业务模式。

‖无业务

正如前文所述，物联网连接数呈现头部效应，而且物联网相对于通信行业的其他业务具有“奢侈”的特点，大量运营商没有实力提供这一业务，全球仅有少数头部运营商可以提供物联网服务。

‖仅连接

网络是运营商具备的核心能力，因此连接是最基础的业务。不过，正如前文所述，连接面临着价格下降的压力，而且大量 OTT 厂商和虚拟运营商通过各种方式“搅局”连接业务市场，如前文所述德国虚拟运营商 1NCE 提供 10 年 10 欧元的连接资费，让其他运营商的连接资费显得过于昂贵。

‖连接+横向平台

这一选项看似具有吸引力，因为它在连接之外提供了增值服务，而且对于运营商来说，这些增值服务可以是通用性、标准化的产品，并不需要去深入了解每个行业的生产经营流程。不过，这一领域面临着激烈的、同质化竞争，不仅运营商体系内部（如中国移动的 OneNet 和中国电信的 CTWing 开放平台），外部的大量玩家也在提供类似的服务，如互联网厂商 AWS、Azure、阿里云等，在无法强行搭售或绑定的情况下，这一选项的黏性并不强，来自横向平台的收入也比较微薄，给每一连接新增的 ARPU 值有限。

‖连接+垂直方案

选择这一选项的运营商一般有专门的物联网部门，垂直方案能给运营商带来更多的收入机会和差异化，更有利于运营商物联网产业生态的建设。不过，垂直方案涉及的很多资源和经验是运营商不具备的，而且大量垂直方案因为周期长、决策复杂，也面临着很高的风险，因此即使是大型运营商也主要聚焦于少数几个垂直行业。一般此类运营商拥有专门的解决方案支撑团队，而且会将一些行业中的解决方案尽量提炼成通用的内容，在此基础上对比较个性化的需求再进一步开发。

‖全部提供

这一选项需要更大的资源投入。国内三大运营商及美国和欧洲的大型运营商会提供所有的业务，形成物联网“产品池”。

运营商的物联网机遇从连接到解决方案已形成业界共识，此前，GSMA发布的《移动经济趋势》报告中显示，运营商超越连接的价值也是趋向于服务使能和解决方案的方向。

随着5G商用加速，5G网络未来将承载大大超过手机用户数量的物联网连接数。随着连接数快速地增长，在已有存量连接带来的价值趋缓的背景下，业界的关注点也开始从连接数增速向超越连接之外的价值逐渐转移，越来越多的主流运营商对于物联网开始放低连接数增速的考核，转而增加其价值和收入的考核。这是一个开端，期待5G时代运营商在未来的探索中让更多超越连接的价值凸显出来。

反侵权盗版声明